Python
深度学习应用

（加）亚历克斯·盖利 （Alex Galea）
（古）路易斯·卡佩罗 （Luis Capelo） 著
高 凯 吴林芳 李娇娥 朱 玉 译

Applied Deep Learning with Python

清华大学出版社
北京

内 容 简 介

本书介绍 Jupyter、数据清洗、高级机器学习、网页爬虫、交互式可视化、神经网络、深度学习、模型构建、模型评估与优化、产品化处理等有关深度学习应用方面的内容。本书理论与实践并重、体系完整、内容新颖、条理清晰、组织合理、强调实践,包括使用 scikit-learn、TensorFlow 和 Keras 创建智能系统和机器学习解决方案,并将论述的重点放在实现和实践上,以便让读者更好地了解 Python 深度学习应用的实现细节。

本书适合所有对 Python 深度学习感兴趣的人士阅读。

北京市版权局著作权合同登记号 图字:01-2019-1828

Copyright © Packt Publishing (2018).
First published in the English language under the title "Applied Deep Learning with Python—Use Scikit-learn, TensorFlow, and Keras to create intelligent systems and machine learning solutions-(9781789804744)"

图书在版编目(CIP)数据

Python 深度学习应用/(加)亚历克斯·盖利(Alex Galea),(古)路易斯·卡佩罗(Luis Capelo)著;高凯等译. —北京:清华大学出版社,2020.5
ISBN 978-7-302-54196-7

Ⅰ. ①P… Ⅱ. ①亚… ②路… ③高… Ⅲ. ①软件工具-程序设计 Ⅳ. ①TP311.561

中国版本图书馆 CIP 数据核字(2019)第 257203 号

责任编辑:郭　赛
封面设计:刘艳芝
责任校对:时翠兰
责任印制:杨　艳

出版发行:清华大学出版社
　　　　网　　　址:http://www.tup.com.cn,http://www.wqbook.com
　　　　地　　　址:北京清华大学学研大厦 A 座　　　　邮　　编:100084
　　　　社 总 机:010-62770175　　　　　　　　　　　邮　　购:010-62786544
　　　　投稿与读者服务:010-62776969,c-service@tup.tsinghua.edu.cn
　　　　质量反馈:010-62772015,zhiliang@tup.tsinghua.edu.cn
　　　　课件下载:http://www.tup.com.cn,010-83470236
印 装 者:北京鑫海金澳胶印有限公司
经　　销:全国新华书店
开　　本:185mm×260mm　　　印　　张:14.5　　　字　　数:296 千字
版　　次:2020 年 7 月第 1 版　　　印　　次:2020 年 7 月第 1 次印刷
定　　价:59.00 元

产品编号:083138-01

在人工智能和大数据时代,学习机器学习的相关算法,探索深度学习的实现与应用,实现对大数据的分析和挖掘是十分重要的。本书以机器学习算法、神经网络与深度学习为基础,以 Python 为研发环境,以 scikit-learn、TensorFlow 和 Keras 等为主要工具,介绍如何有效地构建智能系统和机器学习的解决方案,并给出工程实践。书中由浅入深地介绍有关 Python 与 Jupyter 等基础知识,介绍数据清洗和高级机器学习技术(如监督学习、无监督学习、分类和回归等),讨论 Pandas、BeautifulSoup 等机器学习与数据处理工具的使用,介绍数据采集和交互可视化方法。本书在对神经网络和深度学习进行介绍的基础上,给出基于 scikit-learn、TensorFlow 和 Keras 构建智能机器学习系统的解决方案,通过实例介绍构建智能系统的模型体系结构,通过对模型的性能评估和参数调优,向读者展示如何评估一个智能系统的性能。最后,通过深度学习模型的使用,创建智能应用系统。

原著作者 Alex Galea 和 Luis Capelo 均有多年从事 Python 数据分析、机器学习等相关智能系统工作的经验,是开源社区上的活跃人物,拥有 scikit-learn、TensorFlow 和 Keras 应用的丰富经验。由他们二人合作完成的这部著作,从实践角度出发,比较全面地介绍了基于 scikit-learn、TensorFlow 和 Keras 构建智能系统和机器学习的解决方案,并结合一些项目实例介绍了部分关键技术,原著的审校团队也拥有数据分析领域的丰富经验。我们认为,无论是对初学者还是有经验的开发人员来说,本书都是很有参考价值的,它不仅内容全面、强调实践,而且表达方式通俗易懂,且实践指导性较强。

本译著由高凯、吴林芳、李娇娥、朱玉合作翻译,最后由高凯完成了全书审校工作。在本译著的写作过程中,我们对部分相关概念进行了注释和说明,增加了对图注、表注的说明,并且对部分核心代码进行了标注。为忠实原著及方便排版,本书未对原文代码中的换行与缩进标记等进行改变,在上机运行示例中的代码时,请遵守 Python 语法及缩进规则。完整的可执行 Jupyter Notebook 文档可以从清华大学出版社官方网站中搜索本书后获取。运行代码时,应注意按 Python 语法与缩进规定书写。在本译著的写作过程中也得到了其他多方面的支持与帮助,高莘、杨铠成、徐倩、杨凯、江跃华、谢宇翔、李明奇、侯雪飞、杨聪聪等均提供了协助。在本译著的出版过程中,清华大学出版社的郭赛、焦虹等也给予了大力支持与协助,在此一并表示衷心感谢。

　　"信、达、雅"是我们翻译此书所追求的目标。尽管我们竭尽全力,但毕竟水平有限,译文中难免有不足和有待商榷之处,敬请读者批评指正。

译　者

2020 年 2 月

本书采用循序渐进的方法教您如何入门数据科学、机器学习和深度学习领域。本书的每个章节模块都建立在前一章学习的基础上，包含多个程序演示，使用真实的业务场景。借助这些高度相关的内容，您可以实践和应用所学习到的新技能。

在本书的第1～3章，您将学习入门级的数据科学方法，即 Anaconda 中的常用库，并借助真实数据集探索机器学习模型，这样可提高您的应用技巧和探索现实应用的能力。

从本书的第4章开始，您将学习神经网络和深度学习的相关知识。从现实 Web 应用的角度出发，您将学习如何训练、评估和部署 TensorFlow 和 Keras 模型。当您完成阅读时，您将掌握在深度学习环境中构建应用程序的知识，并创建精细的数据可视化和预测模型。

1. 谁适合阅读本书

如果您是一个即将迈入数据科学领域的 Python 程序员，那么这本书正适合您从头学习；如果您是一名有经验的软件开发人员、分析师或者从事数据处理的科研工作者，并想基于 TensorFlow 和 Keras 进行数据分析，那么这本书也是一本理想的参考书。在此，我们假设您已经熟悉 Python、Web 应用程序开发，Docker 命令以及线性代数、概率论和统计学的相关概念。

2. 这本书包含哪些内容

第1章，Jupyter 基础。本章涵盖 Jupyter 环境下数据分析的基础知识。本章将从 Jupyter 的使用和功能特征说明（例如 Jupyter 的魔术函数指令和标签）开始介绍，然后过渡到数据科学的具体内容。本章将在生动的 Jupyter Notebook 环境中探索数据分析，使用散点图（scatter plots）、直方图（histograms）和小提琴图（violin plots）等视觉辅助工具加深您对数据的理解。本章还将介绍构建简单的预测模型的方法。

第2章，数据清理和高级机器学习。本章将介绍如何在 Jupyter Notebook 环境中训练预测模型，如何构建基于机器学习的策略，有关机器学习的一些术语，如监督学习、无监督学习、分类和回归,以及使用 scikit-learn[①] 和 Pandas[②] 进行数据预处理的方法。

第 3 章,网页信息采集和交互式可视化。本章将介绍如何采集网页、表单等数据,并使用交互式可视化方式研究数据。会首先讲解 HTTP 请求是如何工作的,重点关注 GET 请求以及请求响应状态码,然后将在 Jupyter Notebook 环境下基于 Python 使用 Requests 库构建 HTTP 请求。本章将介绍 Jupyter Notebook 如何渲染并呈现 HTML,以及它和实际网页之间的互动操作。在提出网页请求后,您将看到如何使用 BeautifulSoup[③] 等工具解析 HTML 中的文本,并使用此库采集相关表单中的数据。

第 4 章,神经网络与深度学习简介。本章将帮助您构建和配置深度学习的环境,并介绍一些有特色的模型和案例。本章还将讨论神经网络及其起源思想,进一步探索神经网络的强大功能。

第 5 章,模型体系结构。本章将展示如何使用深度学习模型预测比特币的价格。

第 6 章,模型评估和优化。本章将展示如何评估一个神经网络模型,讲解如何调整网络的超参数以改善其性能。

第 7 章,产品化。本章将介绍如何通过一个深度学习模型创建可用的应用程序。将把第 6 章中的比特币预测模型部署为应用程序,使之能够通过创建新模型处理新数据。

3. 如何更好地使用本书

本书适用于对数据感兴趣、希望学习有关 TensorFlow 和 Keras 的知识以及开发应用程序的专业人士和学生。为了获得最佳的学习体验,您应该具备编程基础知识,并具有一定的 Python 应用经验。特别地,您应该对一些 Python 库(如 Pandas、Matplotlib[④] 和 scikit-learn 等)有所了解,这对您的学习非常有帮助。

4. 如何下载样例代码文件

读者可以通过访问清华大学出版社官方网站下载本书的程序样例代码。

可以按照以下步骤下载代码文件。

(1)访问清华大学出版社官方网站。

(2)在网页右上方的搜索框中输入书名并搜索,在本书的详情页面中单击“课件下载”图标。

---

① 译者注:scikit-learn 是一个基于 Python 的开源机器学习库,可实现回归、分类、聚类、支持向量机、随机森林等算法,也可与 Python 的数值和科学库 NumPy 和 SciPy 等互操作。

② 译者注:Pandas 是一个高性能的数据分析库,可用于数据的预处理和结构化等操作。

③ 译者注:BeautifulSoup 是一个可以从 HTML 或 XML 文件中提取数据的 Python 库。

④ 译者注:Matplotlib 是一个在 Python 中绘制图形的库。

（3）文件下载完毕后，请使用以下工具解压文件。

- WinRAR/7-Zip for Windows。
- Zipeg/iZip/UnRarX for Mac。
- 7-Zip/PeaZip for Linux。

本书的配套代码及相关资源可以通过扫描下方的二维码获取下载地址。

5. 书中的习惯用法与记号说明

本书采用如下习惯用法，记号说明如下。

代码段：表明代码、数据库表名、文件夹名、文件名、文件扩展名、路径名、虚拟 URL、用户输入和 Twitter 句柄。下面示例中的 NotebookApp 就是这种类型的表示。

一个代码段被记成如下格式。

```
fig, ax =plt.subplots(1, 2)
sns.regplot('RM', 'MEDV', df, ax=ax[0],
scatter_kws={'alpha': 0.4}))
sns.regplot('LSTAT', 'MEDV', df, ax=ax[1],
scatter_kws={'alpha': 0.4}))
```

当需要着重表示某个特定代码段以引起您的注意时，相关代码行和项目用粗体标识。

```
cat chapter-1/requirements.txt
matplotlib==2.0.2
numpy==1.13.1
pandas==0.20.3
requests==2.18.4
```

命令行的输入或输出被表述为如下格式。

```
pip install version_information
pip install ipython-sql
```

粗体：表示一个新术语、一个重要的词或您在屏幕上看到的词，例如出现在文本中的菜单或对话框中的词。例如"请注意 **write dress（白色礼服）** 的价格是如何用来填充 **missing values（缺失值）** 的。"

ⓘ 表示警告或重要的信息。

🔦 提示或小技巧。

6. 关于本书作者

Alex Galea：拥有加拿大圭尔夫大学物理学硕士学位，毕业后一直从事职业数据分析工作，在攻读硕士学位、研究量子气体的工作时，他对 Python 产生了浓厚的兴趣。Alex 目前正在进行 Web 数据分析的工作，而 Python 在他的分析工作中发挥了关键的作用，他经常在博客上撰写以数据为中心的项目，主要涉及 Python 和 Jupyter Notebook 等内容。

Luis Capelo：一位接受过哈佛教育的分析师和程序员，在美国纽约专门从事数据科学产品的设计和开发，是福布斯（Forbes）数据产品团队的负责人。该团队负责调研新技术，以优化论文中提到的方法和性能，研发有关内容分发的相关技术。此前，他在 Flowminder 基金会领导了一支世界级的科学家团队，开发了预测模型，助力人文社区的建设。在此之前，他曾是联合国人文数据交换团队的成员，也是人文数据中心的创始人。作为一名古巴哈瓦那人，他是一家小型咨询公司的创始人和所有人，他的公司也致力于为新成立的古巴私营部门提供支持。

7. 关于本书审校人

Elie Kawerk：他使用数据科学过程（包括统计方法和机器学习）从数据中生成观点，完成知识发现，喜欢用多年积累的数据分析技巧解决问题。

他接受过计算物理学的正规训练，曾经使用古老的 FORTRAN 语言在超级计算机的帮助下模拟原子和分子的物理现象，这个分析过程涉及很多线性代数和量子物理方程方面的知识。

Manoj Pandey：一名 Python 程序员，也是 PyData Delhi 的创始人和组织者，经常从事研究和开发工作，目前正在与 RaRe Technologies 合作开展他们的孵化器计划（这是一个有关计算线性代数的项目）。在此之前，他曾与印度的初创公司和小型设计或开发机构合作过，并向很多业内人士教授有关 Python 和 JavaScript 的课程。

目 录

Jupyter 基础

Jupyter Notebook 是 Python 数据科学研究者最常用的工具之一，这是因为 Jupyter Notebook 是开发可重复数据分析管道（pipelines）的理想环境，数据可以在这里被加载、转换、建模，也可以在这里快速、轻松地测试代码并探索算法思路，所有操作都可以使用格式化文本记录为 **inline**，因此用户可以在 Jupyter Notebook 中做笔记，甚至还可以生成结构化的文本报告。虽然还有其他类似 Jupyter Notebook 的平台（如 RStudio 或 Spyder），它们也能为用户提供多个窗口，这些窗口可以执行复制和粘贴代码以及重新运行已执行的代码等任务，这些工具往往涉及运行代码的 **Read Eval Prompt Loops（REPLs）**[①]机制，代码可以运行在已节省内存的终端（terminal[②]）的会话（session）中，但是相较于 Jupyter Notebook，这样的开发环境不利于代码复现，也不适合软件研发。Jupyter Notebook 通过为用户提供单一窗口的方法解决了上述问题，代码片段可以在单一窗口中执行且以 inline 方式显示在相应的位置上，这就使得用户能更高效地开发代码，允许用户回顾以前的代码片段并将其作为参考，甚至可以改动代码。

本章将从解释 Jupyter Notebook 的确切含义开始，讨论它为什么会在数据科学领域如此受欢迎。之后，我们会打开一个 Jupyter Notebook 文件，并通过一些练习学习如何使用这个平台。最后，本章将深入研究第一个分析程序，并在 1.1 节进行探索性分析。

本章结束时，您将能够：

- 了解什么是 Jupyter Notebook，以及它为什么便于进行数据分析；
- 使用 Jupyter Notebook 提供的功能；
- 应用与数据分析相关的 Python 库；
- 执行简单的探索性数据分析。

---

① 译者注：Read Eval Print Loop：读取，执行，输出，循环。它提供了一种交互的执行并查看输出结果的方法，可以用来调试代码。既可作为独立程序，也可集成到其他程序中。

② 译者注：本章中提及的终端，如果是在 Windows 系统下，则可将其理解为处在命令提示符 prompt 状态下。

> ℹ 本书中的所有代码均可在我们提供的 Jupyter Notebook 中找到。本书中的所有
> 彩图亦可在随书提供的代码包中找到。

1.1　基本功能与特征

本节将首先通过例子演示 Jupyter Notebook 的有用性并加以讨论。之后，为了使初学者更好地了解 Jupyter Notebook，我们将在其启动以及和平台的交互方面概述其基本用法。对于已经有 Jupyter Notebook 使用经验的人来说，这是一个复习使用的过程，在这个过程中，您肯定也能学到一些新的有用内容。

1.1.1　Jupyter Notebook 是什么，为什么它如此有用

Jupyter Notebook 是可在本地运行包含代码、公式、插图、交互 App、Markdown 文本的网络应用程序（如图 1-1 所示），其使用的标准编程语言是 Python（这也是本书使用的语言）。然而，它也支持一些其他的编程语言，如另一种重要的数据科学语言——R 语言。

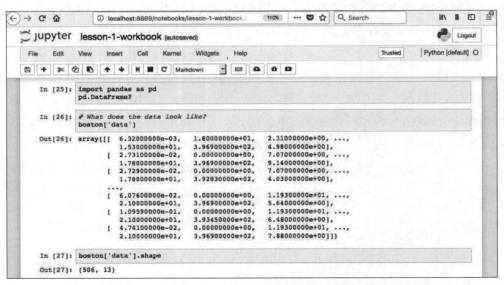

图 1-1　在 Jupyter Notebook 中打开本章附带文档的界面

熟悉 R 语言的读者应该都了解 R 语言的 Markdown 标记。基于 Markdown 格式的文档能与执行代码相结合。Markdown 是一种用于样式化网络文本的简单标记语言，例如大多数 Github 仓库中均有一个名为 README.md 的 Markdown 文件。Markdown 也是一种基础的文本格式，它类似于 HTML，但呈现的效果较少。

Markdown中常用的符号包括用于将文本写成标题的井号(♯)、用于插入超链接的中括号和小括号①、用于格式化文本为斜体(＊)和粗体(＊＊)的星号等,其效果如图 1-2 所示。

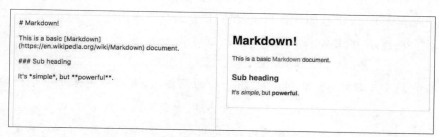

图 1-2 Markdown中部分符号的用法及效果

学习了 Markdown 的基础知识后,让我们回头看看 R Markdown。在 R Markdown 中,Markdown 文本可以与可执行代码一起编写。而 Jupyter Notebook 为 Python 提供同样的功能。但是,正如我们将看到的,它们的功能与 R Markdown 文档完全不同。例如,R Markdown 会假设用户正在写 Markdown(除非另有说明),而 Jupyter Notebook 会假设用户正在输入程序的代码。这就使得 Jupyter Notebook 可以用于快速开发和测试软件。因此,Jupyter Notebook 更具吸引力。

从数据科学的角度来看,根据其使用方式,Jupyter Notebook 有两种主要类型:实验室风格版本(lab-style)和可交付成果版本(deliverable)。

Jupyter Notebook 的实验室风格版本作为从事科研的编程模拟环境,包含加载、处理、分析和数据建模所做的所有工作,其处理文档的主旨是记录用户的一切操作,以备日后参考使用,因此通常不建议删除或更改以往的实验室风格版本的 Notebook 文档。在进行数据分析时,积累多个含有日期戳版本的 Notebook 文档也是个好方法。如果需要,它可以帮助用户回溯到以往某个版本的状态。

Jupyter Notebook 的可交付成果版本旨在展现结果,一般仅包含实验室风格版本的某些选定部分。例如,用户可以与同事分享一个有趣的发现,向经理展示深入的报告分析,为相关者提供主要调查结果总结等。

在任何情况下都有一个重要的概念——可重复性(reproducibility)。如果一直借助 Jupyter Notebook 不断地记录软件的各种版本,那么任何接收此文档的人都可以重新运行 Jupyter Notebook 中的代码并得到相同的结果。在科学界,结果复现变得越来越困难,结果复现就像是一股清流,是值得提倡的。

---

① 译者注:中括号标记显示的链接文本后面紧跟用小括号括住的链接。

1.1.2　Jupyter Notebook 概览

现在,我们将打开一个 Jupyter Notebook 并开始了解其界面内容。这里,假设您并没有 Jupyter Notebook 平台的预备知识,我们将介绍其基本用法。

(1) 在您的终端中,导航到本书配套的材料目录。

> ⓘ 在基于 UNIX 系统(例如 Mac 或 Linux)的设备上,可以使用基于命令行的指令(如 ls 可显示当前目录内容;cd 可更改当前目录)完成导航。在基于 Windows 系统的设备上,可以使用 dir 显示当前目录内容,使用 cd 更改当前目录。例如,如果您要将驱动器从 C:更改为 D:,则应执行 d:更改当前驱动器盘符。

(2) 在终端界面中输入 jupyter notebook,在当前位置启动新的本地 Notebook 服务。

默认浏览器将在新窗口或选项卡中打开工作目录下的 Notebook 面板(Dashboard),在这里,您将会看到其中包含的一组文件夹和文件列表。

(3) 单击某个文件夹以导航到特定路径,可通过单击打开某个文件。虽然 Jupyter 的主要用途是编辑 ipynb 格式的 Notebook 文件,但它也可用作标准文本编辑器。

(4) 重新打开用于启动应用程序的终端窗口。可以看到 Notebook App 已在本地服务器上运行。特别的,您应该会看到如下一行提示:

```
[I 20:03:01.045 NotebookApp] The Jupyter Notebook is running at: http://
localhost:8888/?oken=e915bb06866f19ce462d959a9193a94c7c088e81765f9d8a
```

在浏览器中,转到上述 HTTP 地址,在浏览器窗口中加载该 Jupyter Notebook 应用程序(就像在终端启动应用程序时自动完成的那样)。关闭窗口不会停止应用程序(如果需要关闭应用程序,则可在终端界面按 Ctrl+C 键以关闭 Jupyter Notebook)。

(5) 在终端中按 Ctrl + C 键关闭此应用程序,可能还需要输入 y 进行确认。一般情况下,这样会同时关闭 Web 浏览器窗口。

(6) 在加载 Notebook 应用程序时,可以使用各种可用选项。在终端中,可以通过执行以下命令查看可用的选项命令列表。

```
jupyter notebook --help
```

(7) 可以指定软件启动的特定端口。例如,通过执行以下命令可在本地端口 9000 上打开 Jupyter Notebook 的应用程序①。

```
jupyter notebook --port 9000
```

———————————

① 译者注:在 Windows 系统中,Jupyter Notebook 的默认启动端口是 8888。

（8）新建一个Jupyter Notebook文档的基本方法是使用Jupyter Notebook的主面板。在主面板中，单击右上角的**New**按钮并从下拉菜单中选择一个内核（即在Notebooks部分中选择一些内容），如图1-3所示。

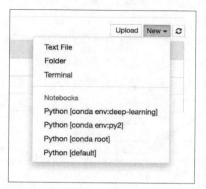

图1-3 选择新建Jupyter Notebook文档所基于的内核

上述内核可为Notebook提供编程语言的支持。如果已经使用Anaconda安装了Python，那么该Python版本应该是默认的内核。Conda的虚拟环境也将在这里提供。

> ⓘ 虚拟环境是在同一台设备上管理多个项目的绝佳工具。每个虚拟环境都可能包含不同版本的Python和外部库。Python已经内置了虚拟环境，而Conda虚拟环境与Jupyter Notebook可以更好地集成在一起，并具有其他不错的功能。相关文档可从这里获取：https://conda.io/docs/user-guide/tasks/manage-environments.html。

（9）使用新创建的空白Notebook，单击顶部的空白单元格并输入print('hello world')，或者输入能在屏幕显示的任何其他代码段。可以通过单击该单元格，并按Shift + Enter键，或选择Cell菜单下的Run Cell选项运行该单元格。

当单元格运行时，代码中基于stdout或stderr的输出会显示在下方。此外，最后一行写入对象的字符串表示也会显示出来。这非常方便，特别是对于那些需要显示表格的情况。但有时我们不希望显示最终对象，在这种情况下，可以在行的末尾添加分号（;）以抑制显示。

默认情况下，新建单元格用于编写和执行代码（代码单元格），也可改为Markdown风格单元格（用于以Markdown编写的文本）。

（10）单击一个空白单元格并将其更改为接受Markdown格式的文本，可以通过单击工具栏的下拉菜单图标或在"单元格（**Cell**）"菜单中的**Cell Type**选项中选择**Markdown**完成。可在这里写一些文本（任何文本都可以），此时可以使用Markdown的一些格式符号，如♯等。

（11）现在让我们看看Jupyter Notebook顶部的工具栏（如图1-4所示）。

工具栏中有一个"播放"按钮（▶），用于运行单元格，但使用快捷键Shift + Enter运

图 1-4   工具栏

行当前单元格会更方便。"播放"按钮右侧是一个"停止"按钮(如图 1-5 所示),用于停止当前单元格的运行。例如,如果单元格运行时间过长,则可将其停止,这是非常有用的。

可以在"插入(Insert)"菜单中手动地在当前位置添加新单元格,如图 1-6 所示。

图 1-5   "播放"和"停止"按钮

图 1-6   添加单元格

可以使用如图 1-7 所示的按钮,或在"编辑(Edit)"菜单中选择相应的选项以复制、粘贴和删除单元格(如图 1-8 所示)。

图 1-7   编辑单元格的按钮

图 1-8   编辑单元格

当前单元格也可以通过单击图 1-9 中按钮的方式上下移动位置。

在"单元格(Cell)"菜单下有一些有用的选项(如图 1-10 所示),其中的一些命令可用于运行一组单元格或整个文档中所有单元格的代码。

图 1-9   移动单元格

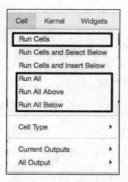

图 1-10   运行单元格

（12）现在可以尝试使用工具栏中的选项上下移动单元格、插入新单元格以及删除单元格。

我们还需了解的重要一点是，这些单元格之间的内存是共享的，即运行的 Jupyter Notebook 文件中的每个单元格都可以访问全局变量。例如，定义在一个单元格中的函数可以被其他任何一个单元格访问，当然，这对变量来说同样适用。但正如大家所想的，函数体内的变量都不是全局变量，因此只能在其函数体内调用。

（13）打开"内核（**Kernel**）"菜单，可以看到各个选择项。如果内核停止工作了，则"内核"菜单中的选项对于停止脚本执行和重新启动 Notebook 是非常有用的。内核也可以随时转换，但由于重现性的问题，不建议将多个内核用于单个 Notebook 文档中。

（14）打开"文件（**File**）"菜单。"文件"菜单提供了一些选项，用户可以以各种不同格式下载 Notebook 文档。建议保存 Notebook 文档的 HTML 版本，其中的 Notebook 文档内容可以以静态网页的形式呈现，并且它们可以以用户预期的方式在 Web 浏览器中打开和查看。

Notebook 文档的名称显示在界面左上角。新建的 Notebook 文档将自动命名为 **Untitled**。

（15）可以通过单击界面左上角的当前名称输入新名称，从而更改 IPYNB Notebook 文件的名称，然后保存文件即可。

（16）在 Web 浏览器中关闭当前选项卡（即退出 Notebook），并转到 Jupyter 的主面板选项卡（如图 1-11 所示），该选项卡仍应处于打开状态（如果未打开，可从终端粘贴 HTTP 链接重新加载）。

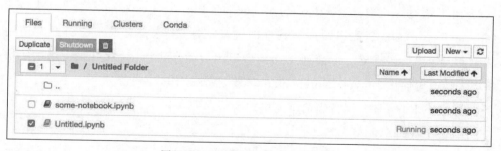

图 1-11 Jupyter Notebook 主面板

由于没有关闭 Notebook（只是保存并退出），因此它将在 Jupyter 主面板的文件部分的名称旁边显示一个绿色的"书"符号（如图 1-11 所示），并将最后修改的日期显示在右侧（列为正在运行日期），Notebook 可以从这里关闭。

（17）选择名称左侧的复选框并单击橙色的"关机（Shutdown）"按钮（如图 1-11 所示），退出 Notebook。

　　ⓘ 如果您需要经常使用 Jupyter Notebook,那么学习使用其键盘快捷键是十分有用的,这将大大加快您的工作进度,提高您的工作效率。值得学习的特别有用的命令快捷键是手动添加新单元格和转换单元格的代码为 Markdown 格式的快捷键。在打开的 Jupyter Notebook 文档中选择"帮助(**Help**)"菜单中的"键盘快捷键(**Keyboard Shortcuts**)"选项可以查看相应的方式。

1.1.3　Jupyter 特色

　　Jupyter 具有许多吸引人的特色(如从查看文档字符串的方法到执行 Bash 命令等),可以实现高效的 Python 编程。本节将探讨 Jupyter 中的这些特色。

　　ⓘ 官方 IPython 文档可以在这里找到：http://ipython.readthedocs.io/en/stable/,它详细地介绍了本节中的一些功能。

1. 探索 Jupyter 一些有用的功能特色

　　(1) 从 Jupyter 的主面板导航到 chapter-1 目录,选择并打开 chapter-1-workbook.ipynb 文件。Jupyter Notebook 文档的标准扩展名是 ipynb,它可被 IPython Notebook 导入并打开。

　　(2) 向下滚动到此 Jupyter Notebook 文档的 Jupyter Features 小标题(Subtopic C：Jupyter Features)。首先回顾一下基本的键盘快捷键,这将有助于避免经常使用鼠标,从而大大加快工作进度。下面列出一些最常用的键盘快捷键,学习并使用这些快捷键,将极大地改善使用 Jupyter Notebook 的体验,提高工作效率[1]。

- Shift + Enter 键：运行当前单元格。
- Esc 键：离开单元格[2]。
- M 键：(按 Esc 后)将当前单元格格式更改为 Markdown。
- Y 键：(按 Esc 后)将当前单元格格式更改为代码。
- 箭头键：(按 Esc 后)移动单元格。
- Enter 键：输入单元格。

　　从快捷方式开始,"帮助(help)"选项对初学者和有经验的编码人员都很有用,它可以

---

① 　译者注：chapter-1-workbook.ipynb 文档中提供了更多的快捷键使用方式,详情可参阅该文件。
② 　译者注：脱离焦点或关闭其对应的 Docstring 等。

在每个不确定的步骤为用户提供指导。

用户可以通过在任何对象的末尾添加问号并运行单元格获得相应的帮助。Jupyter 找到该对象的 docstring[①]，并将其返回到应用程序底部的弹出窗口中。

（3）在配套文档的 **Getting Help** 小节运行其中的部分单元格，可查看 Jupyter Notebook 在底部显示的注释信息（docstring）。在此小节中，用户可以添加单元格，并尝试获取有关所选对象的帮助信息、实例及返回结果，如图 1-12 所示。

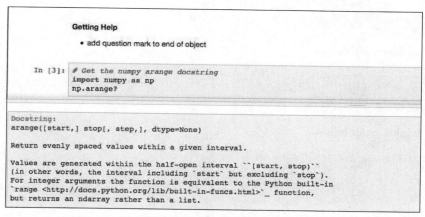

图 1-12　通过添加"?"的方式显示相关方法的帮助信息

按 Tab 键自动完成代码，可用于执行以下操作：

- 导入外部库时列出其可用模块；
- 列出导入外部库的可用模块；
- 函数和变量名的自动补全。

当需要知道模块的可用输入参数，或探索新的库、发现新模块，或需要简单地加快工作进度时，Tab 键的自动完成功能是十分有用的，它可以节省写出变量名称或函数的时间，并减少因错别字而产生的 Bug。Tab 键的自动完成效果非常好，以至于用户在用过它之后，可能很难再在其他编辑器中编写 Python 代码了。

（4）单击 Tab Completion 小节中的空白单元格，然后按照上面建议的方式尝试使用 Tab 键的自动补全功能。例如，可以通过输入 import（包括后面的空格），然后按 Tab 键自动完成后续代码的补充，如图 1-13 所示。

---

① 译者注：docstring 是代码中的注释（用前后各三个引号的一组标记包围），常写在模块或包、对象、函数中。如果写了这些注释，则在交互模式下使用 help 就能够看到对应函数等的 docstring 注释。在本书配套的 IPYNB 文件中也有很多利用"?"显示 docstring 的方法，详见配套的 IPYNB 文件。

Tab Completion

Example of Jupyter tab completion include：

- **listing available modules on import**

```
import <tab>
from numpy import <tab>
```

- **listing available modules after import**

```
np.<tab>
```

- **function completion**

```
np.ar<tab>
sor<tab>([2, 3, 1])
```

- **variable completion**

```
myvar_1 = 5
myvar_2 = 6
my<tab>
```

- **listing relative path directory contents**

```
../<tab>
```

（then press enter on a folder and tab again to show its contents）

图 1-13　Tab 代码自动构建

（5）Jupyter Notebook 最后（但却重要）的基本功能是魔法命令（magic 命令）。魔法命令由一个或两个百分号及其后面的命令组成。以"％％"开头的魔法命令适用于整个单元格，以"％"开头的魔法命令仅适用于该行。当在示例文档中看到魔法命令时，要明白其含义。

滚动到文档的 Jupyter Magic Functions 小节部分，运行包含"％lsmagic"和"％matplotlib inline"的单元格，结果如图 1-14 所示。

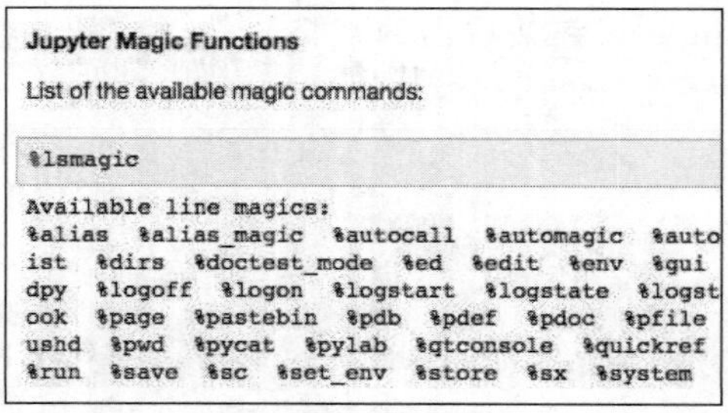

Jupyter Magic Functions

List of the available magic commands:

```
%lsmagic
```

```
Available line magics:
%alias  %alias_magic  %autocall  %automagic  %auto
ist  %dirs  %doctest_mode  %ed  %edit  %env  %gui
dpy  %logoff  %logon  %logstart  %logstate  %logst
ook  %page  %pastebin  %pdb  %pdef  %pdoc  %pfile
ushd  %pwd  %pycat  %pylab  %qtconsole  %quickref
%run  %save  %sc  %set_env  %store  %sx  %system
```

图 1-14　部分魔术命令

图 1-14 中的"％lsmagic"列出了可用的选项。下面将讨论并展示一些最有用的例子。最常见的魔法命令是"％ matplotlib inline"，它允许基于 matplotlib 生成的图形显示在 Notebook 中，使用了该魔法命令就不必显式地使用 plt.show()命令了。

位于文档 Timers 小节中的定时功能非常方便,它分为两种:标准定时器(％time 或％％time)和测量多次迭代的平均运行时间的定时器(％timeit 和％％ timeit)。

(6)在随本章提供的 Jupyter 文档的 Times 部分运行单元格,注意使用一个百分号和两个百分号标志的区别。

即使使用 Python 内核(正如您目前所做的那样),也可以使用魔术命令调用其他语言。内置的选项包括 JavaScript、R、Pearl、Ruby 和 Bash。Bash 特别有用,因为用户可以使用 UNIX 命令找到当前的位置(用 pwd 命令)、找到目录中的内容(用 ls 命令)、创建新文件夹(用 mkdir 命令)以及写入文件内容(用 cat、head、tail 等命令)。

(7)在随本章提供的 Jupyter 文档 **Using bash in the notebook section** 小节中运行第一个单元格,它将一些文本写入工作目录中的文件,显示目录内容,打印空行,然后在删除之前写回新创建的文件的内容,如图 1-15 所示[①]。

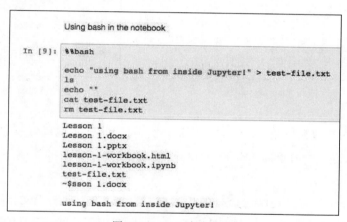

图 1-15　bash 命令应用

(8)运行以下仅包含 ls 和 pwd 的单元格。请注意,不必刻意地使用 Bash 魔法命令实现这些功能。

可以安装大量的外部魔法命令,其中一个流行的魔法命令是 ipython-sql,它允许在单元格中执行 SQL 代码。

(9)如果您还没有这样做,请立即安装 ipython-sql。打开一个新的终端窗口并执行以下代码,如图 1-16 所示[②]。

```
pip install ipython-sql
```

---

① 译者注:需要运行在 Linux 系统环境下。
② 译者注:这里列出的是在 Jupyter 外安装相应库的方法。在 Jupyter 中也可借助如下魔法命令安装库。
%%!
pip install --trusted -host pypi.org ipython-sql

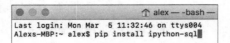

图 1-16   安装 ipython-sql

（10）回到本章所提供 Jupyter 文档的 External magic functions 小节，运行％load_ext sql（如图 1-17 所示），将外部命令加载到 Notebook 中。

该操作允许连接到远程数据库，以便在 Notebook 内部执行并记录查询。

（11）运行包含 SQL 示例查询的单元格，如图 1-18 所示。

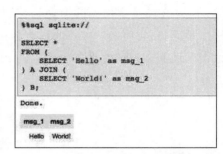

```
# Source: https://github.com/catherinedevlin/ipython-sql
# do pip install ipython-sql in the terminal
%load_ext sql
```

图 1-17   运行 load_ext sql

图 1-18   运行包含 SQL 示例的查询

在这里，首先连接到本地 sqlite 源。但是，此行可以指向本地或远程服务器上的特定数据库。然后执行一个简单的 SELECT 以显示如何将单元格中的内容转换为运行 SQL 代码而不是 Python 语句。

（12）下面继续学习其他魔法命令的用法，简要讨论一个有助于文档编写的命令，该命令是**％version_information**，但它不是 Jupyter 的标准配置。就像我们刚才看到的针对 SQL 数据库查询的 **ipython-sql** 一样，它也可通过 pip 命令安装。

如果环境中尚未完成上述工具的安装，那么请在终端打开一个新窗口使用 pip 运行以下安装代码。

```
pip install version_information
```

安装完成后，可以使用魔法命令％load_ext version_information 将其导入任意 Jupyter Notebook[①]。最后，一旦加载，它就可以用来显示 Notebook 中每个软件的版本。

（13）运行加载并调用魔法命令 version_information 的单元格，显示结果如图 1-19 所示[②]。

———————————

① 译者注：见本章配套文档的 Document versions for reproducability and datestamp the notebook 小节。
② 译者注：显示的版本信息会随着当前软硬件环境的变化而不同。

```
%load_ext version_information
%version_information requests, numpy, pandas, matplotlib, seaborn, sklearn
```

Software	Version
Python	3.5.4 64bit [GCC 4.2.1 Compatible Clang 4.0.1 (tags/RELEASE_401/final)]
IPython	6.1.0
OS	Darwin 16.5.0 x86_64 i386 64bit
requests	2.18.4
numpy	1.13.1
pandas	0.20.3
matplotlib	2.0.2
seaborn	0.8.0
sklearn	0.19.0
Wed Oct 11 19:46:08 2017 PDT	

图 1-19　调用魔法命令 version_information 显示版本信息

2. 将 Jupyter Notebook 文件转换为 Python Script 文件

可以将 Jupyter Notebook 文档转换为 Python 脚本，相当于将每个代码单元的内容复制并粘贴到单个 py 文件中，Markdown 部分的信息也会作为代码注释出现在 py 文件中。

转换可以从 Notebook 应用程序菜单命令[①]，或使用命令行命令完成（命令如下所示），结果如图 1-20 所示。

```
jupyter nbconvert --to=python chapter-1-notebook.ipynb
```

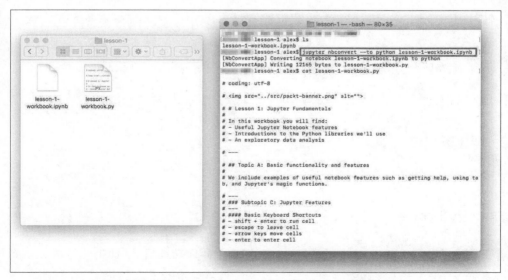

图 1-20　将 Jupyter Notebook 文档转换为 py 程序脚本文件

---

① 译者注：在 File 菜单的 Download as 中选择 Python(.py)选项。

pipreqs 等工具对于满足 Notebook 的库要求十分有用，此工具能确定项目中使用的库，并将它们导出到 requirements.txt 文件中（可以通过运行 **pip install pipreqs** 安装）。

从包含 py 文件的文件夹外部调用该命令。例如，如果 py 文件位于名为 chapter-1 的文件夹中，则可以执行以下操作，结果如图 1-21 所示。

```
pipreqs chapter-1 /
```

图 1-21　执行 pipreqs 的结果

针对 chapter-1-workbook.ipynb 生成的 requirements.txt 文件结果如下所示[①]：

```
cat chapter-1/requirements.txt
matplotlib==2.0.2
numpy==1.13.1
pandas==0.20.3
requests==2.18.4
seaborn==0.8
beautifulsoup4==4.6.0
scikit_learn==0.19.0
```

1.1.4　Python 库

在学习了有关 Jupyter Notebook 的基础知识及高级功能后，下面把注意力转移到将

---

① 译者注：当团队开发项目时，应知晓需要的 Python 第三方包的列表。利用 pipreqs（需要在终端通过 pip install pipreqs 安装）可自动生成 requirements.txt。如果有编码问题导致报错，则可加上 encoding 参数：pipreqs ./ -- encoding＝utf-8，它会在当前目录下生成 requirements.txt 文件。在不同的开发环境中，可能会得到不一样的结果。图 1-21 中显示的结果只是一个示例。

在本书中使用的 Python 库。通常情况下，Python 库扩展了默认的 Python 函数集。常用的 Python 标准库有 datetime、time 和 os，这些库之所以被称为标准库，因为在每次安装 Python 时，它们都将被预置到系统中。

而对于使用 Python 从事数据科学分析的人来说，他们最常使用的重要的库是非 Python 标准库的其他外部库。

本书使用的外部数据科学库有 NumPy、Pandas、Seaborn、Matplotlib、scikit-learn、Requests 和 Bokeh 等，下面简要介绍。

> 🛈 使用行业标准导入外部库是一个好办法。例如，import numpy as np。这样，您的代码会更具可读性。我们要尽量避免使用诸如 from numpy import * 这样的操作，因为这样做可能会在无意中覆盖某些函数。此外，为了提高代码的可读性，通过点(.)将模块链接到库的做法也很好。

（1）NumPy 提供了多维数据结构（数组 arrays），可以比标准 Python 数据结构（如列表 list）更快地执行操作。这部分是通过使用 C 语言在后台执行操作完成的。NumPy 还提供了各种其他的数学和数据操作功能。

（2）Pandas 是 Python 语言与 R 语言中 DataFrame 对应的部分，它将数据存储在二维表格结构中。其中，列表示不同的变量，行对应于样本。Pandas 为数据分析提供了许多便利的工具，例如对缺失值 NaN 实体的处理、计算数据的统计描述信息等。基于 Pandas DataFrames 的数据处理将是本书的重点内容之一。

（3）Matplotlib 是一个受 MATLAB 平台启发的绘图工具。如果您熟悉 R，则可以把它想象为 Python 的 ggplot 版本，它是受欢迎的 Python 库之一，可用于绘制图形，并允许高级别的个性化自定义。

（4）Seaborn 是 Matplotlib 库的扩展，包括用于数据科学分析的各种绘图工具。一般来说，和手动使用 Matplotlib 和 scikit-learn 等库创建相同的数据分析相比，这种方式更快。

（5）scikit-learn 是最常用的机器学习库，它提供了优质的算法和优雅的 API，其中的模型可被实例化，然后可将数据输入模型中以完成训练或分析，它还提供数据处理模块和其他对预测分析有用的工具。

（6）Request 是用于发出 HTTP 请求的首选库，它可以直接从网页获取 HTML 与 APIs 接口。对于解析 HTML 来说，许多人都会选择 BeautifulSoup，本书将在后续内容中进行介绍。

（7）Bokeh 是一个交互式可视化库，它的功能类似于 Matplotlib，但允许用户添加悬停、缩放、点击并将其他交互式工具应用到图中，它还允许用户渲染和播放 Jupyter Notebook 中的图形。

在介绍了这些库之后,再回到 Notebook 中,通过运行 import 语句加载模块。下面将开启我们的首次数据分析之旅。之后,我们就要开始使用数据集完成数据分析的工作了。

导入外部库并构建绘图环境的步骤如下。

(1) 打开第 1 章(chapter 1)附带的 Jupyter Notebook 文档,滚动到 Subtopic D：Python Libraries 小节。

像常规的 Python 脚本一样,Python 库可以随时导入 Jupyter Notebook 文档中,最好的做法是将大多数 Python 库包放在文件的顶部。有时,也可以在编写 Jupyter Notebook 文档的中途加载库。

(2) 运行如图 1-22 所示的单元格,导入外部库并设置绘图选项。

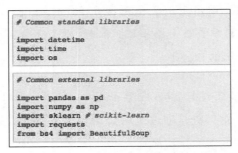

图 1-22　常用的标准库和外部库

一个好的 Jupyter Notebook 设置应该完成各种选项设置,并在文档顶部完成相关库的导入,这通常是很有用的。例如,可以运行以下命令将图形外观更改为比 Matplotlib 和 Seaborn 的默认效果更好看的效果,详见代码段 1-1。

```
import matplotlib.pyplot as plt
%matplotlib inline
import seaborn as sns
#See here for more options:
https://matplotlib.org/users/customizing.html
%config InlineBackend.figure_format='retina'
sns.set() #Revert to matplotlib defaults
plt.rcParams['figure.figsize']=(9, 6)
plt.rcParams['axes.labelpad']=10
sns.set_style("darkgrid")
```

代码段 1-1　针对绘图部分的设置

到目前为止,本书已经讨论了使用 Jupyter Notebook 进行数据科学分析的基础知识。首先学习了该平台的基本特征并找到了解决方案;然后讨论了最常用的功能,包括 Tab(选项卡)自动完成和魔法命令的功能;最后介绍了将在本书中使用的 Python 库。

1.2 节的内容将是交互式的,将使用 Jupyter Notebook 执行数据分析。

1.2 第一个数据分析实例——基于波士顿住房数据集

到目前为止,本章重点介绍了 Jupyter 的功能和基本用法。现在,我们将把它付诸实践,进行一些数据探索和分析。

本节中的数据集是波士顿住房数据集[①],它包含有关波士顿市各地区房屋的美国人口普查数据,每个样本对应一个独特的区域,并有十几个测度数据。可以将样本视为行,测度值视为列。该数据于 1978 年首次发布,当时包含的数据量很少,仅包含约 500 个样本。

下面是决定如何完成一个粗浅的数据探索与分析的工作。如果可行,这项计划将适应我们所研究的相关问题。此时,我们的分析目标不是回答某个具体问题,而是展示有关 Jupyter 的操作,并说明一些基本的数据分析方法。

完成此项数据分析的一般方法如下。

- 使用 Pandas DataFrame 将数据加载到 Jupyter 中。
- 定量地理解这些数据指标。
- 寻找模式并生成问题。
- 回答问题。

1.2.1 使用 Pandas DataFrame 载入数据集

数据通常是存储在表中的,这意味着它可以保存为以逗号分隔的变量文件(Comma-Separated Variable,CSV)。借助于 Pandas 库,这样的文件(还有其他许多格式的文件,包括制表符分隔变量 TSV 文件、SQL 数据表和 JSON 数据结构)格式是可以作为 DataFrame 对象被读入 Python 中的。实际上,Pandas 库支持所有这些数据的转换操作。但是在此实例中,我们不会以这种方式加载数据,因为本例中的数据集可通过 scikit-learn 直接获得。

> 🛈 一个重要问题是,要确保加载的用于分析的数据是经过数据清洗后的"干净"数据。例如,我们通常需要处理缺失的数据,并确保所有列都有正确的数据类型。本节中使用的数据集已经经过数据清洗,因此不必担心这一点。但是我们将在第 2 章中看到更混乱的数据,并在那里探索数据预处理的技巧。

---

① 译者注:波士顿住房数据集中包含的部分属性含义如下。CRIM:城镇人均犯罪率;ZN:占地面积超过 2.5 万平方英尺的住宅用地比例;INDUS:城镇非零售业务地区的比例;CHAS:查尔斯河虚拟变量(如果土地在河边则是 1;否则是 0);NOX:一氧化氮浓度(每 1000 万份);RM:平均每居民房数;AGE:1940 年之前建立的自住单位的比例;DIS:与五个波士顿就业中心的加权距离;RAD:辐射状公路的可达性指数;TAX:每 10 000 美元的全额物业税率;PTRATIO:城镇师生比例;LSTAT:人口中地位较低人群的百分数;MEDV:以 1000 美元计算的自有住房的中位数。

载入波士顿房价数据集步骤如下。

（1）进入本章配套的 Jupyter Notebook 文档 lesson-1-workbook.ipynb 中，滚动到 Topic B：Our first Analysis：the Boston Housing Dataset 下的 Subtopic A：Loading the data 部分，可使用 load_boston 方法从 sklearn.datasets 模块访问波士顿住房数据集。

（2）运行本节中的前两个单元格，加载波士顿数据集并查看数据结构类型，如图 1-23 所示。

第 2 个单元格的输出内容告诉我们它是 scikit-learn 的一个 Bunch 对象。为了能更好地了解正在处理的数据内容，下面获取有关它的更多信息。

（3）运行下一个单元格，从 sklearn.utils 导入基础对象，并在 Notebook 文档中输出 Bunch 的文档注释内容（docstrings），如图 1-24 所示。

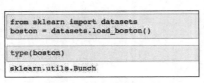

图 1-23　载入数据集

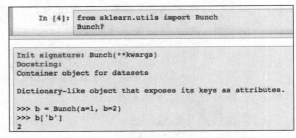

图 1-24　Bunch

读取生成的文档注释内容，基本上可以将其看成是一个字典。

（4）运行下一个单元格，打印字段名称（即字典的键）。这些字段的含义不言自明：['DESCR', 'target', 'data', 'feature_names']。

（5）运行下一个单元格，打印 boston ['DESCR'] 中的数据集描述。请注意，在此调用中，我们明确地表示要打印字段值，以便 Notebook 能以比字符串表示更可读的格式呈现内容（即只输入 boston ['DESCR'] 而不将其包装在 print 语句中的 print(boston['DESCR'])中）。然后会看到之前总结的以下数据集信息。

```
Boston House Prices dataset
===========================
Notes
------
Data Set Characteristics:
:Number of Instances: 506
:Number of Attributes: 13 numeric/categorical predictive
:Median Value (attribute 14) is usually the target
:Attribute Information (in order):
-CRIM per capita crime rate by town
...
```

-MEDV Median value of owner-occupied homes in $1000's
:Missing Attribute Values: None

功能描述(在 Attribute Information 下)在这里特别重要,我们将在后续分析过程中将其作为参考。

现在,创建一个包含数据的 Pandas DataFrame。这样做的好处是:所有数据都将包含在一个对象中,可以使用有用且计算效率高的 DataFrame 方法,而 Seaborn 等其他库可以很好地与 DataFrame 集成在一起。

这种情况下,我们将使用标准构造函数的方法创建 DataFrame。

(6) 运行包括 import pandas 的单元格,并显示 DataFrame 的文档注释输出的单元格(其语句为 pd.DataFrame),如图 1-25 所示。

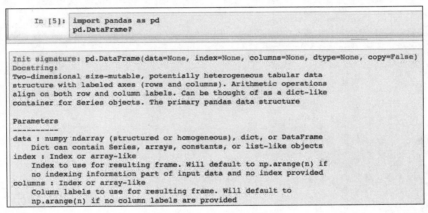

图 1-25　DataFrame 说明

注释区域显示 DataFrame 的输入参数,需要用 boston ['data']作为数据输入,并使用 boston ['feature_names']作为数据头。

(7) 运行下面的几个单元格以打印数据(代码为 boston['data'])、形状(代码为 boston['data'].shape)和特征名(代码为 boston['feature_names']),如图 1-26 所示。

从输出可以看到,数据是在 2 维 NumPy 数组中;运行 boston ['data'].shape 分别返回数据长度(样本数)和样本特征数作为第一输出和第二输出。

(8) 通过运行以下命令,将数据加载到 Pandas DataFrame 的变量 df 中。

```
df =pd.DataFrame(data=boston['data'],
columns=boston['feature_names'])
```

在机器学习中,正在建模的变量称为目标变量,这也是用户想要预测的。对于此数据集,建议的目标是 MEDV(即中位数房屋价值,为 1000 美元)。

(9) 运行下一个单元格以查看目标的形状(shape),如图 1-27 所示。

```
# What does the data look like?
boston['data']

array([[  6.32000000e-03,   1.80000000e+01,   2.31000000e+00, ...,
          1.53000000e+01,   3.96900000e+02,   4.98000000e+00],
       [  2.73100000e-02,   0.00000000e+00,   7.07000000e+00, ...,
          1.78000000e+01,   3.96900000e+02,   9.14000000e+00],
       [  2.72900000e-02,   0.00000000e+00,   7.07000000e+00, ...,
          1.78000000e+01,   3.92830000e+02,   4.03000000e+00],
       ...,
       [  6.07600000e-02,   0.00000000e+00,   1.19300000e+01, ...,
          2.10000000e+01,   3.96900000e+02,   5.64000000e+00],
       [  1.09590000e-01,   0.00000000e+00,   1.19300000e+01, ...,
          2.10000000e+01,   3.93450000e+02,   6.48000000e+00],
       [  4.74100000e-02,   0.00000000e+00,   1.19300000e+01, ...,
          2.10000000e+01,   3.96900000e+02,   7.88000000e+00]])
```

```
boston['data'].shape
```

```
(506, 13)
```

```
boston['feature_names']
```

```
array(['CRIM', 'ZN', 'INDUS', 'CHAS', 'NOX', 'RM', 'AGE', 'DIS', 'RAD',
       'TAX', 'PTRATIO', 'B', 'LSTAT'],
      dtype='<U7')
```

图 1-26   波士顿数据集的 data、shape、feature_names 等属性

```
# Still need to add the target variable
boston['target'].shape
```

```
(506,)
```

图 1-27   波士顿数据集 target 的 shape

可以看到它与特征具有相同的长度,这正是我们所期望的。因此,它可以作为新列添加到 DataFrame 中。

(10) 运行以下内容的单元格,将目标变量添加到 df。

```
df['MEDV']=boston['target']
```

(11) 为了将目标与功能区分开来,将它存储在 DataFrame 处理的前面,这样做会很有裨益。

通过运行具有以下内容的单元格将目标变量移动到 df 的前面。

```
y=df['MEDV'].copy()
del df['MEDV']
df=pd.concat((y, df), axis=1)
```

这里引入一个虚拟变量 y 以保存目标列的副本,然后再从 DataFrame 中删除。之后,使用 Pandas 连接函数 concat,将它与沿第 1 轴剩余的 DataFrame(不是第 0 轴,它与行组合)相结合[①]。

---

① 译者注:这里的轴是指需要合并链接的轴,0 是行,1 是列。例如,当轴为 1 时,concat 就是行对齐,然后将不同列名称的两张表合并。

ℹ️ 您经常会看到用于引用 DataFrame 列的点符号。例如之前做过的 y＝df.MEDV.copy()。但这不适用于删除列,使用 del df.MEDV 会引发错误。

(12) 既然已经完整地加载了数据,那么让我们来看看 DataFrame。

可以用 df.head()或 df.tail()查看数据,len(df)用来确保数据样本的数量符合我们的预期。运行以下几个单元格,以查看 df 的前几条数据(如图 1-28 所示)以及后几条数据和长度(如图 1-29 所示)。

```
df.head()
```

	MEDV	CRIM	ZN	INDUS	CHAS	NOX	RM	AGE	DIS	RAD	TAX	PTRATIO	B
0	24.0	0.00632	18.0	2.31	0.0	0.538	6.575	65.2	4.0900	1.0	296.0	15.3	396.90
1	21.6	0.02731	0.0	7.07	0.0	0.469	6.421	78.9	4.9671	2.0	242.0	17.8	396.90
2	34.7	0.02729	0.0	7.07	0.0	0.469	7.185	61.1	4.9671	2.0	242.0	17.8	392.83
3	33.4	0.03237	0.0	2.18	0.0	0.458	6.998	45.8	6.0622	3.0	222.0	18.7	394.63
4	36.2	0.06905	0.0	2.18	0.0	0.458	7.147	54.2	6.0622	3.0	222.0	18.7	396.90

图 1-28　展示数据集中前几条示例数据

```
df.tail()
```

	MEDV	CRIM	ZN	INDUS	CHAS	NOX	RM	AGE	DIS	RAD	TAX	PTRATIO	B
501	22.4	0.06263	0.0	11.93	0.0	0.573	6.593	69.1	2.4786	1.0	273.0	21.0	391.99
502	20.6	0.04527	0.0	11.93	0.0	0.573	6.120	76.7	2.2875	1.0	273.0	21.0	396.90
503	23.9	0.06076	0.0	11.93	0.0	0.573	6.976	91.0	2.1675	1.0	273.0	21.0	396.90
504	22.0	0.10959	0.0	11.93	0.0	0.573	6.794	89.3	2.3889	1.0	273.0	21.0	393.45
505	11.9	0.04741	0.0	11.93	0.0	0.573	6.030	80.8	2.5050	1.0	273.0	21.0	396.90

```
len(df)
```
506

图 1-29　展示数据集中后几条数据及总数据量

每行都标有一个索引值,如表左侧的粗体所示。默认情况下,这些是一组从 0 开始的整数,每行递增 1。

(13) 输出 df.dtypes,将显示每列中包含的数据类型。

运行下一个单元格,查看每列的数据类型。

对于这个数据集来说,每个字段都是一个浮点数,因此它很可能是一个连续变量,包括目标值。这意味着预测目标变量是一个回归(regression)问题。

(14) 下面需要做的事情是通过处理丢失的数据(Pandas 会自动将其设置为 NaN 值)

清理数据。空值可以通过运行 df.isnull() 识别，它将返回和 df 的 shape 一样的布尔值类型的 DataFrame。为了获得每列的空值（NaN）总数，可执行 df.isnull().sum() 命令。运行下一个单元格，计算每列空值（NaN）的数量，如图 1-30 所示。

```
# Identify and NaNs
df.isnull().sum()

MEDV       0
CRIM       0
ZN         0
INDUS      0
CHAS       0
NOX        0
RM         0
AGE        0
DIS        0
RAD        0
TAX        0
PTRATIO    0
B          0
LSTAT      0
dtype: int64
```

图 1-30　数据集中值为空的属性

对于这个数据集来说，我们看到它没有空值（NaN），这意味着并非要立即进行清理数据的工作，可以继续进行我们的工作。

（15）为了简化分析，在分析数据之前要做的最后一件事就是删除一些列。目前无须过多关注此事，后续章节将详细讨论。

通过运行包含以下代码的单元格删除一些指定的列。

```
for col in ['ZN', 'NOX', 'RAD', 'PTRATIO', 'B']:
    del df[col]
```

1.2.2　数据集

由于波士顿数据集是我们以前从未见过的全新数据集，因此首要目标是要理解数据。我们已经看到了对于该数据集的文字性描述，这对于定性理解很重要，下面开始定量分析该数据集。

（1）进入本章的 lesson-1-workbook.ipynb 文件，导航到 Subtopic B：Data exploration 小节，并运行其中的 df.describe() 单元格（如图 1-31 所示）。

df.describe().T

	count	mean	std	min	25%	50%	75%	max
MEDV	506.0	22.532806	9.197104	5.00000	17.025000	21.20000	25.000000	50.0000
CRIM	506.0	3.593761	8.596783	0.00632	0.082045	0.25651	3.647423	88.9762
INDUS	506.0	11.136779	6.860353	0.46000	5.190000	9.69000	18.100000	27.7400
CHAS	506.0	0.069170	0.253994	0.00000	0.000000	0.00000	0.000000	1.0000
RM	506.0	6.284634	0.702617	3.56100	5.885500	6.20850	6.623500	8.7800
AGE	506.0	68.574901	28.148861	2.90000	45.025000	77.50000	94.075000	100.0000
DIS	506.0	3.795043	2.105710	1.12960	2.100175	3.20745	5.188425	12.1265
TAX	506.0	408.237154	168.537116	187.00000	279.000000	330.00000	666.000000	711.0000
LSTAT	506.0	12.653063	7.141062	1.73000	6.950000	11.36000	16.955000	37.9700

图 1-31　数据集统计与描述

数据集的统计与描述汇总了数据集的各种定量属性,包括每列的平均值(mean)、标准偏差(standard deviation)、最小值(minimum)和最大值(maximum)。这张表给出了一个高级别的数据分布。请注意,我们是通过在输出中添加.T对结果进行转换的,这种操作会交换行和列。下面继续分析,指定一组要关注的列。

(2) 运行以下代码,定义"焦点列"。

```
cols =['RM', 'AGE', 'TAX', 'LSTAT', 'MEDV']
```

(3) 使用中括号可从 df 中选择指定的子列(如图 1-32 所示)。通过运行 df [cols] . head() 显示 DataFrame 的这个子集前面的部分数据。

请注意这些子列的内容,从数据集文档中我们可得到以下内容。

- RM:每间住宅的平均房间数。
- AGE:在 1940 年之前建造的自住单位比例。
- TAX:每 10 000 美元的全价房产税率。
- LSTAT:人口收入较低的百分比[①]。
- MEDV:以 1000 美元计算的自有住房的中位数。

要分析此数据集中隐含的模式,可以使用 pd.DataFrame.corr 计算属性对之间的相关性。

(4) 通过运行包含以下代码的单元格计算所选属性对之间的相关性,如图 1-33 所示。

```
DF [COLS] .corr()
```

df[cols].head()

	RM	AGE	TAX	LSTAT	MEDV
0	6.575	65.2	296.0	4.98	24.0
1	6.421	78.9	242.0	9.14	21.6
2	7.185	61.1	242.0	4.03	34.7
3	6.998	45.8	222.0	2.94	33.4
4	7.147	54.2	222.0	5.33	36.2

图 1-32　显示自定义的部分子列数据

	RM	AGE	TAX	LSTAT	MEDV
RM	1.000000	-0.240265	-0.292048	-0.613808	0.695360
AGE	-0.240265	1.000000	0.506456	0.602339	-0.376955
TAX	-0.292048	0.506456	1.000000	0.543993	-0.468536
LSTAT	-0.613808	0.602339	0.543993	1.000000	-0.737663
MEDV	0.695360	-0.376955	-0.468536	-0.737663	1.000000

图 1-33　所选属性对之间的相关性

此表显示每组值之间的相关性分数:大的正分数表示强烈的正(即在同一方向)相关性。正如预期的那样,我们看到对角线上的最大值为1。

Pearson 系数定义为两个变量之间的协方差(co-variance)除以它们标准偏差(standard deviation)的乘积,如图 1-34 所示。

反过来,协方差(co-variance)的定义如图 1-35 所示。

---

① 译者注:指该地区有多比例的房东属于低收入阶层(有工作但收入微薄)。

$$\rho_{X,Y} = \frac{\mathrm{cov}(X,Y)}{\sigma_X \sigma_Y}$$

图 1-34　Pearson 系数

$$\mathrm{cov}(X,Y) = \frac{1}{n}\sum_{i=0}^{n}(x_i - \overline{X})(y_i - \overline{Y})$$

图 1-35　协方差

这里，n 是样本数，x_i 和 y_i 是将要汇总的各个样本，$\overline{X}$ 和 $\overline{Y}$ 是每组样本的平均值。

如果不用前面提到的表格而是用热图可视化数据，那么效果会更好，可以通过 Seaborn 轻松完成。

（5）运行下一个单元格并初始化前面讨论的绘图环境。之后运行包含以下代码（如代码段 1-2 所示）的单元格创建热图（heatmap），如图 1-36 所示。

```
import matplotlib.pyplot as plt
import seaborn as sns
%matplotlib inline

ax =sns.heatmap(df[cols].corr(),
cmap=sns.cubehelix_palette(20, light=0.95, dark=0.15))
ax.xaxis.tick_top() #move labels to the top
plt.savefig('../figures/chapter-1-boston-housing-corr.png',
bbox_inches='tight', dpi=300)
```

代码段 1-2　创建热图

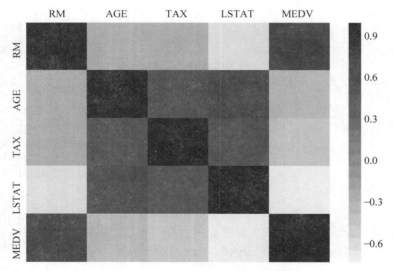

图 1-36　属性对之间的相关性热度图

调用 sns.heatmap 并将属性对之间的相关性矩阵作为输入，这里使用自定义的调色板覆盖 Seaborn 的默认值，该函数返回一个 matplotlib.axes 对象（该对象由变量 ax 引用）。作为高分辨率的 PNG 格式文件，最终的图形将保存到 figures 文件夹中。

（6）在数据探索练习的最后一步，使用 Seaborn 的 pairplot 函数可视化数据。

（7）使用 Seaborn 的 pairplot 函数可视化 DataFrame，运行包含以下代码的单元格，如图 1-37 所示。

```
sns.pairplot(df[cols],
plot_kws={'alpha': 0.6},
diag_kws={'bins': 30})
```

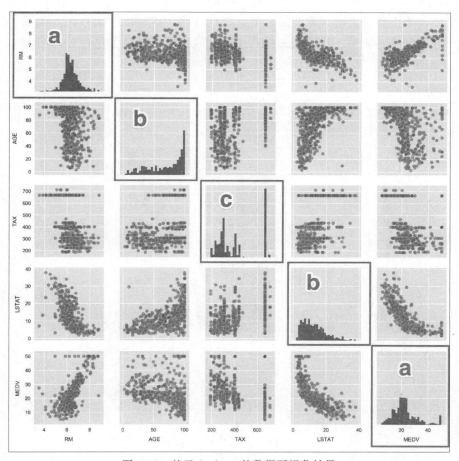

图 1-37　基于 Seaborn 的数据可视化结果

与之前使用热图可视化属性相关性的简单图（图 1-36）相比，图 1-37 允许我们更详细地查看关系。查看对角线上的直方图，可得到以下结论。

- RM 和 MEDV 具有与正态分布（normal distribution）最接近的形状。
- AGE 偏向左侧，LSTAT 偏向右侧（虽然看起来可能相反，但偏差是根据平均值相对于最大值的位置定义的）。
- 对于 TAX，发现其大量地分布在约 700 的位置，这一点从散点图中可以看出。

仔细观察图 1-37 右下方的 MEDV 直方图，实际上会看到类似 TAX 的东西，其中有一个大约为 50 000 美元的上限。回想一下，当我们做 df.describe()时，MDEV 的最小值和最大值分别为 5000 和 50 000(如图 1-31 所示)，这表明数据集中的房屋中位数值的上限为 50 000。

1.2.3   基于 Jupyter Notebook 的预测分析简介

下面继续对波士顿住房数据集进行分析。可以看到，这是一个回归问题，即在给定一组特征的情况下预测连续的目标变量。在这里，我们将预测房屋价值的中位数(MEDV)，且仅采用一个特征作为输入以训练模型并进行预测。这样的模型在概念上易于理解，使得我们可以更多地关注 scikit-learn API 的技术细节，并在第 2 章中处理相对复杂的模型时会觉得更容易。

基于 Seaborn 和 scikit-learn 的线性模型的相关知识如下。

（1）滚动到 lesson-1-workbook.ipnb 文档的子标题为 Subtopic C：Introduction to predictive analytics 的单元格，查看 1.2.2 节中创建的配对图。请注意图 1-38 左下角的散点图（scatter plot）。

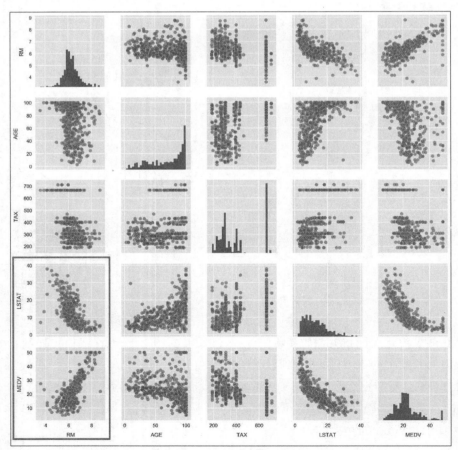

图 1-38   数据散点图

注意,每个房屋的房间数(**RM**)和人口收入较低的百分比(**LSTAT**)与房屋中值(**MDEV**)高度相关。现提出以下问题:在给定这些变量的情况下,如何预测 **MDEV**?

为了解决这个问题,首先使用 Seaborn 可视化数据关系,并绘制散点图和最佳拟合线性模型的线。

(2)通过运行包含以下代码的单元格绘制散点图和线性模型,结果如图 1-39 所示。

```
fig, ax =plt.subplots(1, 2)
sns.regplot('RM', 'MEDV', df, ax=ax[0],
scatter_kws={'alpha': 0.4}))
sns.regplot('LSTAT', 'MEDV', df, ax=ax[1],
scatter_kws={'alpha': 0.4}))
```

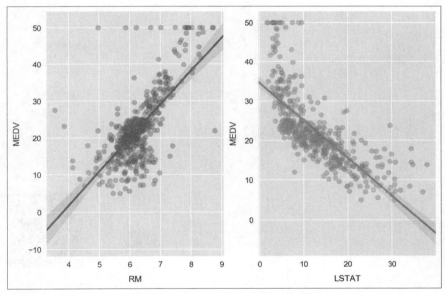

图 1-39 描述 MEDV、RM、LATAT 属性关系的散点图

通过普通的最小化方法最小二乘误差函数计算最佳拟合线,当调用 regplot 函数时,Seaborn 会自动执行此操作。注意,线条周围的阴影区域代表 95% 的置信区间。

> ⓘ 95% 的置信区间是通过采用垂直于最佳拟合线的区间数据的标准偏差而计算的,从而有效地确定沿最佳拟合线的每个点的置信区间。实际上,这涉及 Seaborn 的 bootstrapping 数据操作,这是一个通过随机抽样和替换创建新数据的过程。bootstrapping 数据样本的数量是根据数据集的大小自动确定的,也可以通过传递 n_boot 参数手动设置。

（3）Seaborn 也可用于绘制这些关系的残差。通过运行包含以下代码的单元格（如代码段 1-3 所示）计算残差，如图 1-40 所示。

```
fig, ax =plt.subplots(1, 2)
ax[0] =sns.residplot('RM', 'MEDV', df, ax=ax[0],
                  scatter_kws={'alpha': 0.4})
ax[0].set_ylabel('MDEV residuals $(y-\hat{y})$')
ax[1] =sns.residplot('LSTAT', 'MEDV', df, ax=ax[1],
                  scatter_kws={'alpha': 0.4})
ax[1].set_ylabel('')
```

代码段 1-3   计算残差

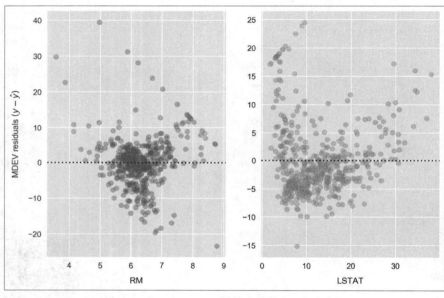

图 1-40   RM、LSTAT 属性之间的 MEDV 残差

残差图上的每个点都是该样本（y）和线性模型预测（$\hat{y}$）之间的差异。大于零的残差是模型可能低估的数据点，小于零的残差是模型过高估计的数据点。

图 1-40 中的模式可以指示子优化模型的构建。在每个先前的实例中，我们看到的正区域中对角排列的散点是由 MEDV 的 50 000 美元上限引起的。RM 数据很好地聚集在 0 附近，这表明它非常适合于模型。另一方面，LSTAT 似乎聚集在低于 0 的区域。

（4）从可视化开始，可以通过计算均方误差（Mean Squared Error）的方法量化拟合。我们现在使用 scikit-learn 做这件事。通过运行包含以下代码的单元格（如代码段 1-4 所示）计算最佳拟合线和均方误差的函数。

```
def get_mse(df, feature, target='MEDV'):
#Get x, y to model
y =df[target].values
x =df[feature].values.reshape(-1,1)
...
error =mean_squared_error(y, y_pred)
print('mse ={:.2f}'.format(error))
print()
```

代码段 1-4　计算最佳拟合线和均方误差

在上述的 get_mse 函数中，首先分别将变量 y 和 x 分配给目标 **MDEV** 和对应的相关特征，通过调用 values 属性将它们转换为 NumPy 数组。特征数组被重塑为 scikit-learn 所期望的格式，这一步仅在建模一维特征空间时是必需的。然后，将该模型实例化并拟合数据。对于线性回归，拟合过程包括使用普通最小二乘法计算模型参数（最小化每个样本的平方误差之和）。最后，在确定参数后预测目标变量，并使用结果计算均方误差 MSE。

（5）通过运行包含以下代码的单元格为 RM 和 LSTAT 调用 get_mse 函数，如图 1-41 所示。

```
get_mse(df, 'RM')
get_mse(df, 'LSTAT')
```

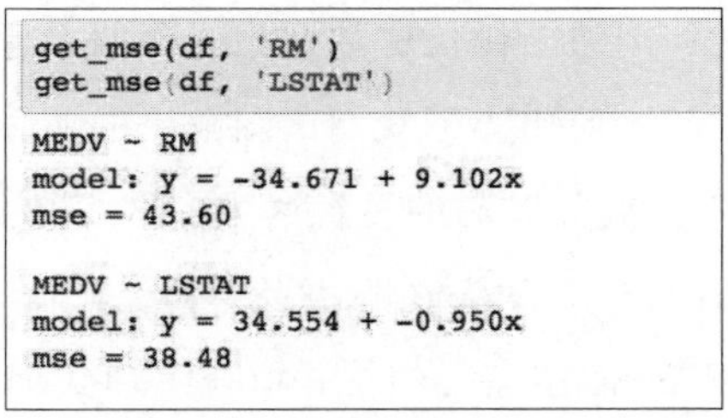

```
get_mse(df, 'RM')
get_mse(df, 'LSTAT')

MEDV ~ RM
model: y = -34.671 + 9.102x
mse = 43.60

MEDV ~ LSTAT
model: y = 34.554 + -0.950x
mse = 38.48
```

图 1-41　计算 RM 和 LSTAT 属性的相关值

比较 **MSE**，结果表明 **LSTAT** 的 **MSE** 误差值略低。然而回顾散点图，似乎可以使用 LSTAT 多项式的模型并成功获得结果。在下一个实践中，我们将通过使用 scikit-learn 计算三阶多项式模型进行测试。

现在请忘记波士顿住房数据集一分钟，并考虑另一种可能采用多项式回归的现实情况。以下实例是对天气数据进行建模。图 1-42 所示为加拿大不列颠哥伦比亚省温哥华市的温度（线）和降水（条）情况。

这些字段可能都很适合于四阶多项式。如果有兴趣预测连续日期的温度或降水量，这将是一个非常有价值的模型。

可以在此处找到此数据源：

http://climate.weather.gc.ca/climate_normals/results_e.html? stnID=888

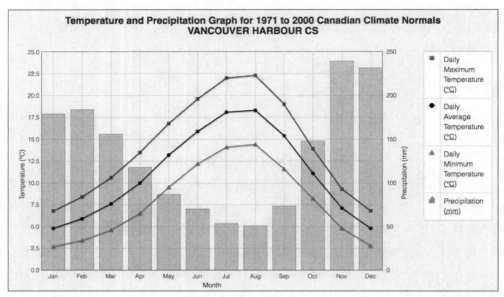

图 1-42　温哥华市气象数据

1.2.4　实践：构建一个基于三阶多项式的模型

让我们将注意力再次转移回波士顿住房数据集。我们希望建立一个基于三阶多项式的模型并与线性模型进行比较。回想一下我们试图解决的实际问题：根据较低的人口百分比预测房价中位数（**MEDV**），此处关心的是社区中有多少人是低收入阶级，如果能分析出这种数据模式，则可能会使波士顿的潜在购房者受益。

在给定 **LSTAT** 值的情况下，使用 scikit-learn 拟合多项式回归模型以预测房价中位数（**MEDV**）。我们希望构建一个具有较低均值误差（Means Squared Error，MSE）的模型。

基于 Seaborn 和 scikit-learn 的线性模型的相关内容如下。

（1）滚动到本章 Jupyter Notebook 中子标题为 Subtopic C：Introduction to predictive analytics 底部的空白单元格，这些单元格位于文档的 Activity 标题下的线性模型 MSE 计算单元格的下方。

> ⓘ 在完成实例时，应该用代码填充这些空白单元格。当这些单元格被填满时，可能需要插入新的单元格。

（2）鉴于数据包含在 DataFrame 的 df 变量中，将使用以下代码提取相关特征和目标变量。

```
y =df['MEDV'].values
x =df['LSTAT'].values.reshape(-1,1)
```

这与之前对线性模型所做的操作是相同的。

(3) 通过语句 print(x [: 3])打印少量样本,查看 x 是什么(如图 1-43 所示)。

注意,数组中的每个元素本身是一个长度为 1 的数组,这就是 reshape(−1,1)的作用,它是 scikit-learn 所期望的形式。

```
print('x =')
print(x[:3], '...etc')

x =
[[ 4.98]
 [ 9.14]
 [ 4.03]] ...etc
```

图 1-43 打印 x 的部分属性值

(4) 接下来,我们将把 x 转换为多项式特征。虽然现在可能还不清楚进行这个操作的原因,但后面很快就会进行解释。从 scikit-learn 导入适当的转换工具,此处以三次多项式特征变换为例。

```
from sklearn.preprocessing import PolynomialFeatures
poly =PolynomialFeatures(degree=3)
```

(5) 此时,我们只有一个特征转换器的实例,下面将使用它执行 fit_transform 方法以转换 **LSTAT** 特征(存储在变量 x 中)。

通过运行以下代码构建多项式特征。

```
x_poly =poly.fit_transform(x)
```

(6) 通过 print(x_poly [: 3])语句打印少量样本,查看 x_poly 是什么类型的数据,如图 1-44 所示。

```
print('x_poly =')
print(x_poly[:3], '...etc')

x_poly =
[[   1.          4.98        24.8004     123.505992]
 [   1.          9.14        83.5396     763.551944]
 [   1.          4.03        16.2409      65.450827]] ...etc
```

图 1-44 打印 x_ploy 的部分值

与 x 不同,每行 x_ploy 数组的长度是 4,其值被作为 x^0、x^1、x^2 和 x^3 被计算出来。

下面使用此数据拟合线性模型,如图 1-45 所示。将特征标记为 a、b、c 和 d,计算线性模型的 α_0、α_1、α_2 的系数(coefficient)。

可以插入 a、b、c 和 d 的定义值,得到以下多项式模型(如图 1-46 所示),其中系数与前面的系数相同。

$$y=\alpha_0 a+\alpha_1 b+\alpha_2 c+\alpha_3 d$$

图 1-45 拟合线性模型

$$y=\alpha_0+\alpha_1 x+\alpha_2 x^2+\alpha_3 x^3$$

图 1-46 多项式模型

（7）当计算 **MSE** 时，将导入（import）线性回归类（Linear Regression class），并以与之前相同的方式构建线性分类模型。运行以下代码。

```
from sklearn.linear_model import LinearRegression
clf =LinearRegression()
clf.fit(x_poly, y)
```

（8）提取系数，并使用以下代码打印多项式模型，结果如图 1-47 所示。

```
a_0 =clf.intercept_ +clf.coef_[0]        #intercept
a_1, a_2, a_3 =clf.coef_[1:]             #other coefficients
msg ='model: y ={:.3f} +{:.3f}x +
{:.3f}x^2 +{:.3f}x^3'\.format(a_0, a_1, a_2, a_3)
print(msg)
```

```
msg = 'model: y = {:.3f} + {:.3f}x + {:.3f}x^2 + {:.3f}x^3'\
        .format(x_0, x_1, x_2, x_3)
print(msg)

model: y = 48.650 + -3.866x + 0.149x^2 + -0.002x^3
```

图 1-47　输出多项式模型

为了得到实际的模型截距（intercept），须添加 intercept_ 和 coef_[0]属性。然后，由 coef_的值得出模型的高阶系数。

（9）确定每个样本的预测值，并通过运行以下代码计算残差（residuals），如图 1-43 所示。

```
y_pred =clf.predict(x_poly)
resid_MEDV =y -y_pred
```

（10）通过运行 print（resid_MEDV［：10］）打印残差（residuals）的值，如图 1-48 所示。

```
print('residuals =')
print(resid_MEDV[:10], '...etc')

residuals =
[ -8.84025736  -2.61360313  -0.65577837  -5.11949581   4.23191217
   -3.56387056   3.16728909  12.00336372   4.03348935   2.87915437] ...etc
```

图 1-48　输出残差值

将以上的多项式模型与线性模型的残差进行比较，计算 **MSE**。

（11）运行以下代码，打印三阶多项式模型的 MSE，如图 1-49 所示。

```
from sklearn.metrics import mean_squared_error
error =mean_squared_error(y, y_pred)
print('mse ={:.2f}'.format(error))
```

```
error = mean_squared_error(y, y_pred)
print('mse = {:.2f}'.format(error))

mse = 28.88
```

图 1-49　三阶多项式模型的 MSE

可以看出，与线性模型(38.5)相比，多项式模型的 **MSE** 明显更小。通过取平方根，可以将此误差度量转换为平均误差。对多项式模型执行此操作，可以发现房价中位数的平均误差仅为 5300 美元。

下面将通过绘制最佳拟合的多项式数据线可视化模型。

(12) 通过运行以下代码(如代码段 1-5 所示)绘制多项式模型及样本，如图 1-50 所示。

```
fig, ax =plt.subplots()
# Plot the samples
ax.scatter(x.flatten(), y, alpha=0.6)
# Plot the polynomial model
x_ =np.linspace(2, 38, 50).reshape(-1, 1)
x_poly =poly.fit_transform(x_)
y_ =clf.predict(x_poly)
ax.plot(x_, y_, color='red', alpha=0.8)
ax.set_xlabel('LSTAT'); ax.set_ylabel('MEDV');
```

代码段 1-5　绘制多项式模型及样本

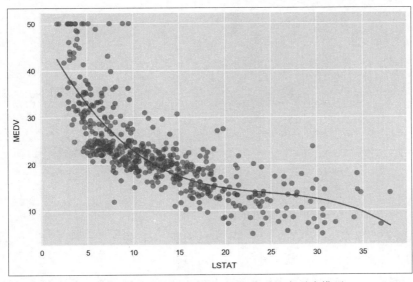

图 1-50　反映 MEDV 和 LSTAT 关系的多项式模型

此处通过计算多项式模型预测(基于 x 数组的值)绘制曲线。x 数组的值是使用

np.linspace 创建的,它会产生 50 个值均匀排列在 2～38 的数据。

下面绘制相应的残差。虽然之前使用过 Seaborn,但我们必须手动执行以显示 scikit-learn 模型的结果。由于之前已经计算了残差,作为 resid_MEDV 变量的参考,我们只需在散点图上绘制该值列表。

(13) 通过运行以下代码(如代码段 1-6 所示)绘制残差,如图 1-51 所示。

```
fig, ax =plt.subplots(figsize=(5, 7))
ax.scatter(x, resid_MEDV, alpha=0.6)
ax.set_xlabel('LSTAT')
ax.set_ylabel('MEDV Residual $(y-\hat{y})$')
plt.axhline(0, color='black', ls='dotted');
```

代码段 1-6   绘制残差

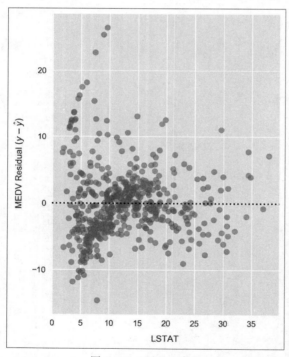

图 1-51   MEDV 残差

与线性模型的 LSTAT 残差图相比,这里的多项式模型残差似乎更紧密地聚集在 $y-\hat{y}=0$ 附近。注意,y 是样本 MEDV 的值,$\hat{y}$ 是其预测值。这里有明显的特征,例如 $x=7$ 和 $y=-7$ 附近的聚类表明其是次优建模。

在使用多项式模型成功建模数据之后。下面将构建一组分类特征,以更详细地描述该数据集。

1.2.5 使用分类特征完成对数据集的分段分析

数据集中经常混合着连续和分类的字段,在这种情况下,可以通过使用分类字段对连续变量进行分段分析,以便了解数据并找到相应的模式。

举一个具体的例子:假设您正在评估广告活动的投资回报率,您访问的数据包含某些投资回报率(**ROI**)指标的度量值,而且每天都要计算和记录这些值;您正在分析上一年的数据,您的任务是完成基于数据驱动的分析,以便改进广告活动,当您查看每天基于时间序列的 ROI 时,您会看到数据是每周振荡的(如图 1-52 所示);如果按周进行数据分段,则会发现以下 ROI 分布(0 表示周一,6 表示周日)。

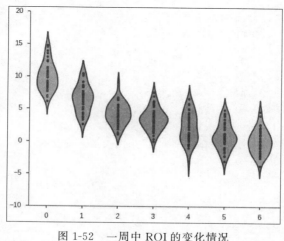

图 1-52 一周中 ROI 的变化情况

波士顿住房数据集中没有任何分类字段,下面将通过有效地离散连续字段创建一个分类字段。我们将数据分类为低、中和高三个类别。值得注意的是,这里不仅仅是创建了一个分类数据字段以说明本节中有关数据分析的概念,而且可以从数据中揭示难以察觉或无法感知的数据。

从连续变量创建分类字段,分段分析结果可视化。

(1)回溯本章 Jupyter Notebook 文档中的图(如图 1-53 所示),我们比较了 MEDV、LSTAT、TAX、AGE 和 RM。

注意包含 AGE 的列(提醒:此特征定义为 1940 年之前建立的自住单位的比例),我们将此特征作为分类变量,一旦它被转换,我们便能够重新绘制这张图(此时,根据 AGE 的类别按颜色对每个面板进行分类)。

(2)向下滚动到 Subtopic D:Building and exploring categorical features 小节,单击第一个单元格,通过输入及执行以下代码(如代码段 1-7 所示)绘制 AGE 的累积分布曲线,如图 1-54 所示。

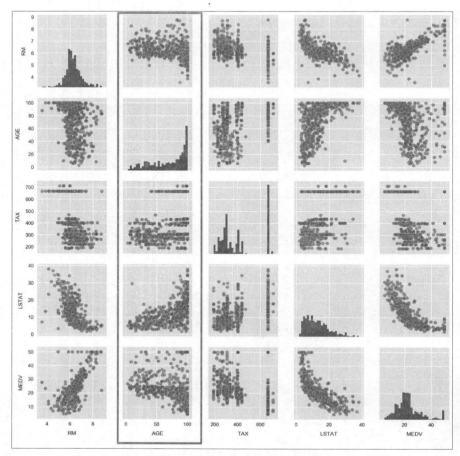

图 1-53　属性集 MEDV、LSTAT、TAX、AGE 和 RM 的比较图

```
sns.distplot(df.AGE.values, bins=100,
hist_kws={'cumulative': True},
kde_kws={'lw': 0})
plt.xlabel('AGE')
plt.ylabel('CDF')
plt.axhline(0.33, color='red')
plt.axhline(0.66, color='red')
plt.xlim(0, df.AGE.max());
```

代码段 1-7　绘制 AGE 的累积分布曲线

请设置 kde_kws = {'lw': 0}，以免在图 1-54 中绘制内核密度估计的图示。

从图 1-54 中可以看出，AGE 低的样本很少，而 AGE 大的样本非常多，在图 1-54 中表现为最右侧的陡峭分布。

（3）两条实线表示分布中的 1/3 和 2/3 的点。从图 1-54 中与这些水平线相交的地方

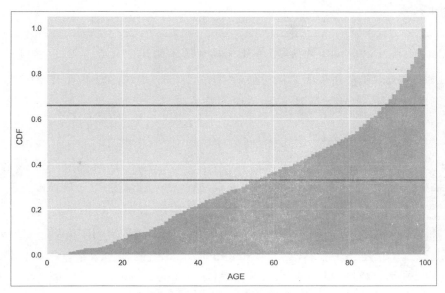

图 1-54　AGE 的累积分布曲线

可以看到,仅有约 33% 样品的 AGE 值小于 55,而另外 33% 样品的 AGE 值大于 90。换句话说,1/3 的住房社区在 1940 年之前建造的住房所占的比例不到 55%,这些住房社区被视为相对较新的社区。另一方面,还有 1/3 的住房社区拥有 90% 以上在 1940 年之前建造的房屋,这些房屋被视为非常古老的房子。

使用两条水平线截取分布图的位置对特征进行三层分类,即相对较新(**Relatively New**)、相对较旧(**Relational Old**)和非常旧(**Very Old**)。

(4) 将分段点设置为 50 和 85,通过运行以下代码(代码段 1-8)创建新的分类特征。

```
def get_age_category(x):
    if x <50:
        return 'Relatively New'
    elif 50 <=x <85:
        return 'Relatively Old'
    else:
        return 'Very Old'
df['AGE_category'] =df.AGE.apply(get_age_category)
```

代码段 1-8　定义分类特征

这里使用了非常好用的 Pandas 方法 apply,它将函数应用于给定的属性列或属性列集,被应用的函数(本例中为 get_ age_category)应该使用一个表示一行数据的参数并为新列返回一个值。在这种情况下,传递的数据行只是一个值(即样本的

AGE 属性）。

> ℹ️ apply 方法可以解决各种问题，并使代码更易于阅读。通常情况下，矢量化方法
> （如 pd.Series.str）可以更快地完成同样的事情。因此，建议尽可能地避免使用 apply
> 方法，尤其是在处理大型数据集时。本书将在后续章节介绍一些矢量化方法的
> 例子。

```
# Check the segmented counts
df.groupby('AGE_category').size()

AGE_category
Relatively New    147
Relatively Old    149
Very Old          210
dtype: int64
```

图 1-55　查看各类别的分组样本数

（5）进入下面的新单元格，执行语句 df.groupby('AGE_category').size()，检查每个 AGE 组的分组样本数，如图 1-55 所示。

从结果可以看出 Relatively New 组和 Relatively Old 组的样本数量基本相同，而 Very Old 组要多出大约 40%。这样的分配比例正合适，每个类都有较好的代表性且可以直接从分析中进行推断。

> ℹ️ 样本不会总是被均匀地分配到类中，在实际应用中，具有高度不平衡的类很常见。
> 在这种情况下，对那些分布不均匀的类进行有效的统计决策是很困难的，对数据不平
> 衡的类别进行预测分析也是一件很困难的事。以下文章提供了在进行机器学习时处
> 理不平衡类的方法：https：//svds.com/learning-imbalanced-classes/。

下面讨论当使用新特征 AGE_category 进行分类时，目标变量是如何操作的。

（6）运行以下代码，制作小提琴图，如图 1-56 所示。

```
sns.violinplot(x='MEDV', y='AGE_category', data=df,
order=['Relatively New', 'Relatively Old', 'Very Old']);
```

该小提琴图显示了在每个 AGE 组的房价中位数分布的核密度估计值，可以发现它们都类似于正态分布。Very Old 组中包含最低中值的房屋样本且具有相对较大的宽度，而在其他组中则是平均值附近的数据更集中。从分布主体内的粗黑线和白点的位置可以看出较新组倾向于高端。

白点代表平均值，粗黑线覆盖大约 50% 的人口（填充到白点两侧的第一个分位数）。细黑线代表箱形分布，占人口总数的 95%。可通过 inner='point' to sns.violinplot() 语句修改此图，使其在内部可视化单个数据点。

（7）在 sns.violinplot() 函数的调用参数中添加 inner='point' 语句，重新制作上面的小提琴图，如图 1-57 所示。

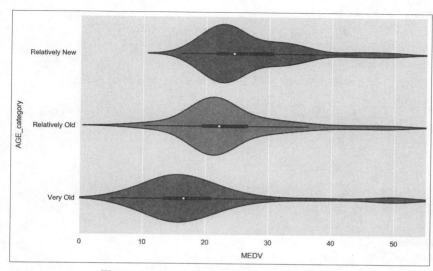

图 1-56　AGE_category 和 MEDV 的小提琴图

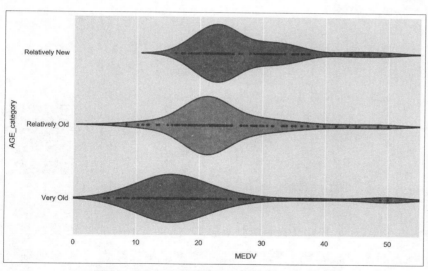

图 1-57　在每个类别的内部可视化单个数据点

　　为了在可视化的图中更好地查看数据的关联情况，我们以测试为目的制作了图 1-57。可以看到，Relatively New 类别下的房价中位数很少有低于 16 000 美元的，所以在该类别数据分配的尾部，实际上不包含数据。我们的数据集很小（只有大约 500 行），这种情况在每个类别中都可以看到。

　　（8）重新执行之前的绘图语句，现在包含了每个 AGE 类别的颜色标签（如图 1-58 所示），这可以通过简单地传递参数（hue）完成，如代码段 1-9 所示。

```
cols =['RM', 'AGE', 'TAX', 'LSTAT', 'MEDV', 'AGE_category']
```

```
sns.pairplot(df[cols], hue='AGE_category',
hue_order=['Relatively New', 'Relatively Old', 'Very Old'],
plot_kws={'alpha': 0.5}, diag_kws={'bins': 30});
```

代码段 1-9   颜色标签及其定义

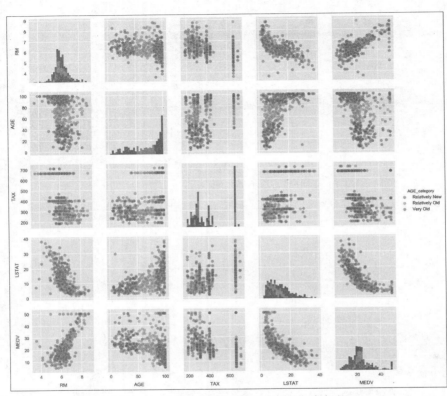

图 1-58   图中包含每个 AGE 类别的颜色标签

注意,其中的直方图对于每个类别来说[①]在 **RM** 和 **TAX** 上的分布是类似的。另一方面,**LSTAT** 分布看起来更加清晰。我们可以再次使用小提琴图更详细地探讨它们。

(9)制作一个小提琴图,比较每个 AGE_category 类别的 LSTAT 分布,如图 1-59所示。

基于 **MEDV** 的小提琴图中每个分布的宽度大致相同,而在这里则看到宽度随着 **AGE** 的增加而增加。老房子的社区(指 Very Old 类别)包含一些底层居民(数量跨度由很少到很多),而 Relatively New 类别可能是更高级别的社区,和 Very Old 类别相比,超过 95% 的样本分布相对集中,这是因为相对较新的社区的房价更昂贵。

---

① 译者注:指 Relatively New,Relatively Old,Very Old。

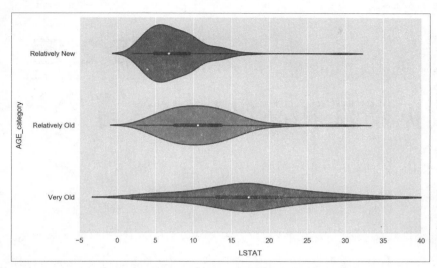

图 1-59　在 3 个 AGE_category 类别上的 LSTAT 分布

1.3　本章小结

本章介绍了在 Jupyter 中进行数据分析的基础知识。

本章介绍了 Jupyter 指令的用法和功能,如魔法功能(magic function)和 Tab 键的自动构建代码功能,然后过渡到数据科学领域,并介绍了数据科学领域中相对重要的 Python 库的使用。

本章的后半部分在 Jupyter Notebook 环境中进行了探索性的数据分析,使用了数据可视化进行辅助分析,如散射图、直方图、小提琴图等,以便加深对数据的理解。本章实现了一个简单的预测模型,这也是后续章节将要重点关注的内容。

第 2 章将讨论如何进行预测分析,在准备建模数据时需要考虑的问题,以及如何使用 Jupyter Notebook 实现和比较各种数据分析模型等。

第 2 章

数据清洗和高级机器学习

数据分析的总体目标是实现"可操作的"知识发现与洞察,从而得到积极的业务成果。例如在数据预测分析中,其目标是根据已经观测到的趋势或模式确定一个最可能的目标作为未来的输出结果,以完成知识发现。

预测分析不仅适用于大型科技公司,只要有正确的数据,任何企业都可以找到从机器学习中获益的方法。

世界各地的公司都在收集大量的数据,并使用预测分析降低成本和增加利润。例如Google、Facebook 和 Amazon 等,它们都在大规模地使用大数据分析技术。Google 和Facebook 根据预测算法为用户提供个性化广告,这些算法能猜测到用户最有可能点击的内容;同样,考虑到用户以往的购买情况,Amazon 会向用户推荐其最有可能购买的个性化产品。

现今的预测分析是通过机器学习完成的。在机器学习中,为了从数据中学习模式,需要训练计算模型。正如第 1 章中的简单例子,诸如 scikit-learn 这样的软件包可以与Jupyter Notebook 一起使用,以便有效地构建和测试机器学习的模型。Jupyter Notebook 是完成这类工作的理想工作环境,它可以执行特别的测试和分析,并且可以很容易地将结果保存起来以供日后参考使用。

本章将再次通过在 Jupyter Notebook 中运行各种实例实践相关的方法。在第 1 章已经出现了一些机器学习的例子,而本章将以更详细、缜密的步骤介绍相关的算法。本章使用员工留用问题(employee retention problem)作为主要应用示例,我们将针对员工去留问题讨论预测分析的方法,为建模准备数据时需要考虑的事项以及如何使用 Jupyter Notebook 实现和比较各种模型。

本章结束时,您将能够:

- 规划一种机器学习分类策略;
- 实现数据预处理,为后续的机器学习做准备;
- 训练分类模型;

- 使用验证曲线优化模型参数；
- 使用降维方法提高模型的性能。

2.1 准备训练预测模型

本节将介绍训练预测模型的准备工作。

虽然预处理不如训练模型具有技术吸引力，但也不应掉以轻心。在构建和训练一个可靠模型的细节工作之前，确保有一个良好的数据训练计划是非常重要的。即使有了正确的数据训练计划，在准备数据建模时，有一些技术步骤仍不应该被忽略。

> ⓘ 在介绍相关内容时，本书尽量不深入到技术工作的细枝末节（那样可能会忽略主要目标）。技术任务包括一些涉及编程技能的事情，例如，构建可视化模型、查询数据库、验证预测模型。花费数小时实现特定功能或得到一张合适的图表是很容易的，做这种事情肯定对提高编程水平是有利的。但不要忘记，对于当前的项目来说，它是否真的值得我们花时间去做。

Jupyter Notebook 特别适合于处理此步骤的工作任务，因为我们可以使用它记录训练计划，例如编写关于数据的粗略说明或感兴趣的数据训练模型表。在开始训练模型之前，认真地写出一份结构合理的计划是一个很好的做法，这不仅有助于在构建和测试模型时保持正常工作的顺利开展，而且有助于其他人理解您的工作。

在讨论了准备工作之后，下面介绍准备训练预测模型的另一个步骤——数据清洗，这是适合用 Jupyter Notebook 完成的另一件事。Jupyter Notebook 为执行数据集转换和跟踪确切的变化提供了一个理想的测试场所。清理原始数据所需的数据转换可能很快会变得错综复杂，因此跟踪用户的工作过程是很重要的。正如在第 1 章中所讨论的那样，Jupyter Notebook 以外的很多工具都无法提供这种良好的操作体验，Jupyter Notebook 可以有效地对数据进行预处理和清洗。

2.1.1 确定预测分析计划

在制订预测建模的计划时，首先应该考虑利益相关者的需求。如果一个完美的模型不能解决相关的问题，那么它将毫无用处。围绕业务需求规划策略，可确保一个计算模型能成功地产生"可行的见解"（actionable insights）。

虽然一个模型在原则上可以解决许多业务问题，但交付实际问题解决方案的能力始终取决于所需数据的可用性。因此，在可用数据源的上下文中，考虑实际业务的需求是非常重要的。当数据充足时,这几乎是没有影响的,但随着可用数据量的减少,模型可以解决的问题的范围也会变得越来越小。

针对上述想法,可以形成一个确定预测分析计划的标准过程,具体如下。

(1) 查看可用的数据,以了解实际可解决的业务问题的范围。在这个阶段,考虑可以解决的确切问题可能为时尚早。此时,要确保理解可用的数据字段及其适用的时间范围。

(2) 通过与主要利益相关者的交谈确定他们的业务需求,并寻找一个能解决实际业务问题的可行的决策方案。

(3) 在评估数据的适用性方面,需要考虑其是否满足多样化和大特征空间问题。另外,应考虑数据本身的条件和可能存在的问题(例如对于某些变量或在某个时间范围内的数据是否存在大量缺失值等)。

重复步骤(2)和(3),直到形成一个切合实际的计划为止。此时,您应该已经很清楚模型的输入以及期望模型输出的内容是什么了。

一旦确定了一个可以通过机器学习解决的问题且有了合适的数据源,我们就应该回答以下几个问题,以便为项目建立一个模型框架,这样做将帮助我们确定使用哪种类型的机器学习模型解决实际问题。

- 训练数据是否标有将要预测的目标变量?

如果仅针对上述问题,那么答案是肯定的,我们将进行有监督的机器学习。监督学习有许多现实的用例,但一般不用在对未标记数据的预测分析业务中。

如果对上述问题的答案是否定的,那么就代表您正在使用未标记的数据进行无监督的机器学习。无监督学习的一个例子是聚类分析,其标签被分配给距离每个样本最近的簇。

- 如果数据是已经标记的,那么我们是在解决回归问题还是分类问题?

在回归问题中,目标变量是连续的。例如,以厘米为单位预测明天的降雨量。而在分类问题中,目标变量是离散的,我们预测的是类的标签(类标)。最简单的分类问题是二元分类,其每个样本被分为两个类标中的一个,例如预测明天会不会下雨。

- 数据是什么样子的?数据有多少种不同的来源?

可根据数据的宽度和高度考虑数据的大小,这里的宽度指数据列(特征)数,高度指数据行数。某些算法在处理大量特征时是比较有效的。一般来说,数据集越大,准确性就越好。然而,对于大型数据集来说,训练可能非常缓慢且占用大量内存,可以通过对数据执行聚合或使用降维技术减少运算的数据量。

如果有不同的数据源,则它们可以合并到一个表中吗?如果不可以,那么我们可能要对每个数据源的模型进行单独训练,并为最终的预测模型集成一个总体均值模型。上述方法的一个例子是使用不同大小的时间序列数据集。假设有以下数据来源:AAPL 日收盘价表和 iPhone 的月度销售数据。

我们可以通过将每月销售数据添加到每日时间范围表的每个样本中,或者按月对每日数据进行分组合并这些数据。但是最好构建两个模型,分别用于这两个数据集,并在最终的预测模型中使用这两个模型的组合。

2.1.2　机器学习的数据预处理

数据预处理的好坏对机器学习有巨大的影响。就像"you are what you eat"这句话,对这句话进行预处理的效果会对训练模型的性能有直接影响。许多模型依赖于转换后的预处理数据,因此对连续特征值的预处理转换是有一定范围的;同样,分类特征应编码为数值。虽然这些步骤很重要,但相对来说比较简单,而且不需要花费很长的时间。

> ⓘ 在数据预处理中,通常花费时间最长的是清理杂乱的数据。请看下面这张针对特定调查结果的饼图(图 2-1),它显示的是数据科学家将大部分时间用在了哪里。

图 2-1　数据科学家大部分时间所做的事情

另一件需要考虑的事情是数据科学家使用的数据集的大小。随着数据集大小的增加,数据杂乱的程度也随之增加,增加了清理数据的难度。

简单地删除丢失的数据通常不是最佳选择,因为在大多数字段都有值的情况下很难证明丢弃缺失数据的做法是合理的,这样做可能会丢失有价值的信息,进而损害最终模型的性能。

涉及数据预处理的步骤可按以下方式分组展开进行。

- 合并一些通用字段上的数据,将所有数据放入表中。
- 通过一些特征工程提升数据质量,例如使用降维技术构建新的数据特征。
- 通过处理重复行、不正确数据、缺失值以及其他数据问题清洗数据。
- 对数据进行标准化或规范化处理,将数据集划分为训练数据集和测试数据集。

下面介绍一些用于数据预处理的工具和方法。

(1)在项目目录的提示符下执行 jupyter notebook 命令,启动 Jupyter Notebook 应

用程序。导航到随书提供的程序文件的 chapter-2 目录,打开 chapter-2-workbook.ipynb
文件,找到加载包顶部附近的单元格并运行。

下面将从一些 Pandas 和 scikit-learn 的基本工具的使用入手,然后深入探讨重建缺
失数据的方法。

(2)向下滚动到子主题 Subtopic B:Preprocessing data for machine learning,运行包
含 pd.merge? 的单元格,显示 Notebook 中合并函数的文档字符串,如图 2-2 所示。

```
Signature: pd.merge(left, right, how='inner', on=None, left_on=None, right_on=None, left_
index=False, right_index=False, sort=False, suffixes=('_x', '_y'), copy=True, indicator=F
alse)
Docstring:
Merge DataFrame objects by performing a database-style join operation by
columns or indexes.

If joining columns on columns, the DataFrame indexes *will be
ignored*. Otherwise if joining indexes on indexes or indexes on a column or
columns, the index will be passed on.

Parameters
----------
left : DataFrame
right : DataFrame
how : {'left', 'right', 'outer', 'inner'}, default 'inner'
    * left: use only keys from left frame, similar to a SQL left outer join;
      preserve key order
    * right: use only keys from right frame, similar to a SQL right outer join;
      preserve key order
    * outer: use union of keys from both frames, similar to a SQL full outer
      join; sort keys lexicographically
    * inner: use intersection of keys from both frames, similar to a SQL inner
      join; preserve the order of the left keys
on : label or list
    Field names to join on. Must be found in both DataFrames. If on is
    None and not merging on indexes, then it merges on the intersection of
    the columns by default.
left_on : label or list, or array-like
    Field names to join on in left DataFrame. Can be a vector or list of
    vectors of the length of the DataFrame to use a particular vector as
    the join key instead of columns
```

图 2-2　Notebook 中合并函数的文档字符串

可以看到,该函数接受左 DataFrame 和右 DataFrame 合并。可以指定分组的一个或
多个列以及它们的分组方式,即使用左、右、外或内部值集。下面看一个使用实例。

(3)退出上述弹出的"帮助"窗口[①],运行包含以下样本的 DataFrame 的单元格。

```
df_1 =pd.DataFrame({'product': ['red shirt', 'red shirt', 'red shirt', 'white
                    dress'],
                    'price': [49.33, 49.33, 32.49, 199.99]}),
df_2 =pd.DataFrame({'product': ['red shirt', 'blue pants', 'white tuxedo',
                    'white dress'],
                    'in_stock': [True, True, False, False]})
```

①　译者注:这里指 pd.merge? 弹出窗口。

这里将从头开始构建两个简单的 DataFrame。可以看到,它们包含一个带有一些共享实体条目的 product 列。

现在对 product 共享列执行内部合并(inner merge)并打印结果。

(4) 运行下一个单元格以执行内部合并(inner merge),如图 2-3 所示。

```
## Inner merge
df = pd.merge(left=df_1, right=df_2, on='product', how='inner')
df
```

	product	price	in_stock
0	red shirt	49.33	True
1	red shirt	49.33	True
2	red shirt	32.49	True
3	white dress	199.99	False

图 2-3　执行内部合并的语句及其输出结果

请注意应如何仅包含共享项目 red shirt 和 white dress。如果要包含两个表中的所有条目,则可以改为执行外部合并(outer merge),如下操作。

(5) 运行下一个单元格以执行外部合并,如图 2-4 所示。

```
# Outer merge
df = pd.merge(left=df_1, right=df_2, on='product', how='outer')
df
```

	product	price	in_stock
0	red shirt	49.33	True
1	red shirt	49.33	True
2	red shirt	32.49	True
3	white dress	199.99	False
4	blue pants	NaN	True
5	white tuxedo	NaN	False

图 2-4　执行外部合并的语句及其输出结果

该操作将返回每个表中的所有数据,其中缺失的值已经被标记为 NaN。

这是我们第一次在本书中遇到缺失值(NaN 值),现在正是讨论它们的好时机。

首先,通过执行诸如 a=float('nan')这样的操作定义 NaN 变量。

注意,如果要测试等效性,则不能简单地使用标准比较的方法。

建议使用库(如 Numpy 库)中的高级函数完成此操作,下面的代码说明了这一点,如图 2-5 所示。

```
1  a = float('nan')

1  bool(a)
True

1  a == float('nan')
False

1  a is float('nan')
False

1  np.isnan(a)
True
```

图 2-5　测试等效性

其中一些结果似乎与直觉不符。然而,这种行为背后却存在合理的逻辑。为了更深入地理解通过标准比较返回 False 的根本原因,请从下面的 URL 中查看 Stack Overflow 的一个解答:

https://stackoverflow. com/questions/1565164/what-is-the-rationale-forall-comparisons-returning-false-for-ieee754-nan-values。

(1)您可能已经注意到刚才合并的表在前几行中有重复数据。下面看看如何处理这个问题。

运行包含 df.drop_duplicates()的单元格,返回没有重复行的 DataFrame,结果如图 2-6 所示。

这是最简单和最标准的删除重复行的方法。要想将这些变化应用于 df,可以设置 inplace=True 或执行类似 df=df.drop_duplicated()的命令。下面介绍另一个方法,即使用标记选择或删除重复的行。

(2)运行包含 df.duplicated()的单元格,输出 True/False 序列,标记重复行,如图 2-7 所示。

```
# Standard method
df.drop_duplicates()

      product      price  in_stock
0    red shirt     49.33    True
2    red shirt     32.49    True
3    white dress  199.99   False
4    blue pants    NaN     True
5    white tuxedo  NaN     False
```

图 2-6　没有重复行的 DataFrame

```
df.duplicated()
0    False
1     True
2    False
3    False
4    False
5    False
dtype: bool
```

图 2-7　标记重复行

可以将此结果的总和用于确定有多少行具有重复项,或者可以将其作为标记以选择重复的行。

（3）通过运行以下 2 个单元格执行此操作，如图 2-8 所示。

（4）可以用一个简单的波浪号（～）计算标记 mask 的相反值，以便从 DataFrame 中提取不重复的数据。运行以下代码，发现其输出结果与语句 df.drop_duplicates() 的输出结果是相同的，如图 2-9 所示。

```
df[~df.duplicated()]
```

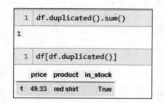

图 2-8　确定重复项行数并选择重复行

	1	df[~df.duplicated()]	
	price	product	in_stock
0	49.33	red shirt	True
2	32.49	red shirt	True
3	199.99	white dress	False
4	NaN	blue pants	True
5	NaN	white tuxedo	False

图 2-9　从 DataFrame 中提取不重复的数据

（5）以上操作也可以用于从完整的 DataFrame 的子集中删除重复项。例如运行包含以下代码的单元格，如图 2-10 所示。

```
df[~df['product'].duplicated()]
```

总结一下，我们正在做以下的事情：

- 为产品行创建一个标记 mask（True/False 序列），其中重复项用 e 标记；
- 使用波浪号（～）取与该标记 mask 相反的内容，以便将重复项标记为 False，其他所有内容均为 True；

df[~df['product'].duplicated()]			
	price	product	in_stock
0	49.33	red shirt	True
3	199.99	white dress	False
4	NaN	blue pants	True
5	NaN	white tuxedo	False

图 2-10　从完整的 DataFrame 子集中删除重复项

- 使用标记 mask 过滤掉与重复产品相对应的 df 的 False 行。

正如预期的那样，现在只有第一个 red shirt 行仍然存在，因为重复的产品行已经被删除了。

为了继续执行后续步骤，使用去掉重复数据的 df 替换原来的 df，可以通过运行 drop_duplicates 语句并传递参数 inplace＝True 的方法完成。

（6）通过运行包含以下代码的单元格，删除 DataFrame 中的重复数据，并保存结果。

```
df.drop_duplicates(inplace=True)
```

继续使用其他预处理方法，忽略重复行，首先处理丢失的数据，这是必要的，因为模型不能在不完整的样本上进行训练。以蓝色裤子（blue pants）和白色燕尾服（white tuxedo）的缺失价格数据为例，下面展示处理 NaN 值的不同方法。

（7）一种选择是删除缺失值的行，如果数据中有很多 NaN 样本（缺少大部分值），那么可以通过运行包含 df.dropna() 的单元格执行此操作，如图 2-11 所示。

（8）如果某一特征缺少大多数值，则建议完全删除该列。通过运行包含与前面方法相同的单元格执行此操作,但这次传递的 axis 参数用于指示列(而不是行),如图 2-12 所示。

图 2-11   删除 NaN 缺失值

图 2-12   删除某特征列

简单地删除 NaN 值通常不是最佳选择,因为数据缺失永远都不是一件好事,特别是在只有一小部分样本值丢失的情况下。Pandas 提供了一种以不同方式填充 NaN 条目的方法,下面说明其中的一些方法。

(9)运行包含 df.fillna? 的单元格,打印 Pandas 的 NAN-fill 方法的 docstring 字符串,如图 2-13 所示。

```
Signature: df.fillna(value=None, method=None, axis=None, inplace=False, limit=None, downc
ast=None, **kwargs)
Docstring:
Fill NA/NaN values using the specified method

Parameters
----------
value : scalar, dict, Series, or DataFrame
    Value to use to fill holes (e.g. 0), alternately a
    dict/Series/DataFrame of values specifying which value to use for
    each index (for a Series) or column (for a DataFrame). (values not
    in the dict/Series/DataFrame will not be filled). This value cannot
    be a list.
method : {'backfill', 'bfill', 'pad', 'ffill', None}, default None
    Method to use for filling holes in reindexed Series
    pad / ffill: propagate last valid observation forward to next valid
    backfill / bfill: use NEXT valid observation to fill gap
axis : {0 or 'index', 1 or 'columns'}
inplace : boolean, default False
    If True, fill in place. Note: this will modify any
    other views on this object, (e.g. a no-copy slice for a column in a
    DataFrame).
```

图 2-13   NaN-fill 方法的 docstring

注意,value 参数的选项取值可以是单个值或基于索引的字典/序列类型的映射。也可以将值保留为 None 并传递一个 fill 方法。本章后面将列举例子。

(10)通过运行包含以下代码的单元格,可以用产品平均价格填充缺失的数据,如图 2-14 所示[①]。

———————————

①   注意图中最后两行的 price 填充为均值。

```
df.fillna(value=df.price.mean())
```

（11）下面通过运行包含以下代码的单元格使用 pad 方法填充缺失的数据，如图 2-15
所示。

```
df.fillna(method='pad')
```

图 2-14　用产品平均价格填充缺失数据

图 2-15　使用 pad 方法填充缺失的数据

注意，图 2-15 中使用 **white dress** 价格填充了其下方的缺失值。

总结一下本节的内容：我们将准备一个简单的数据表用于训练机器学习算法。别担
心，我们并不会真的在如此小的数据集上训练任何模型，可通过编码分类数据的类标签
（类标）启动此过程。

（12）在对标签进行编码之前，请在 Building training data sets 小节中运行第一个单
元格，以添加一列表示产品平均评级的数据，如图 2-16 所示。

假设使用此表训练一个预测模型，首先应该考虑将所有变量更改为数字类型。

（13）要处理的最简单的列是 Boolean 布尔列表（in_stock 列），在使用它训练预测模
型之前，应该将其更改为数值（例如 0 和 1），可以通过多种方式进行更改，例如通过运行
包含以下代码的单元格达到这个目的，如图 2-17 所示。

```
df.in_stock=df.in_stock.map({False: 0,True: 1})
```

图 2-16　添加一列表示产品平均评级的数据

图 2-17　将布尔列的值转换为 1 和 0

（14）另一个编码特征的选项是 scikit-learn 的 LabelEncoder，用于将类标签映射到

更高级别的整数上。通过运行包含以下代码的单元格(如代码段 2-1 所示)可以测试这一点,结果如图 2-18 所示。

```
from sklearn.preprocessing import LabelEncoder
rating_encoder = LabelEncoder()
_df = df.copy()
_df.rating = rating_encoder.fit_transform(df.rating)
_df
```

代码段 2-1　通过 LabelEncoder 完成对类标签的映射

这可能会让人联想到第 1 章中构建多项式模型时所做的预处理。在这里,我们实例化了一个标签编码器,然后"训练"它并使用 fit_transform 方法"转换"数据,最后将结果应用于 DataFrame 的实例副本_df。

(15)可以使用变量 rating_encoder 引用的类,通过运行代码 rating_encoder.inverse_transform(_df.rating)可将这些特征进行转换,如图 2-19 所示。

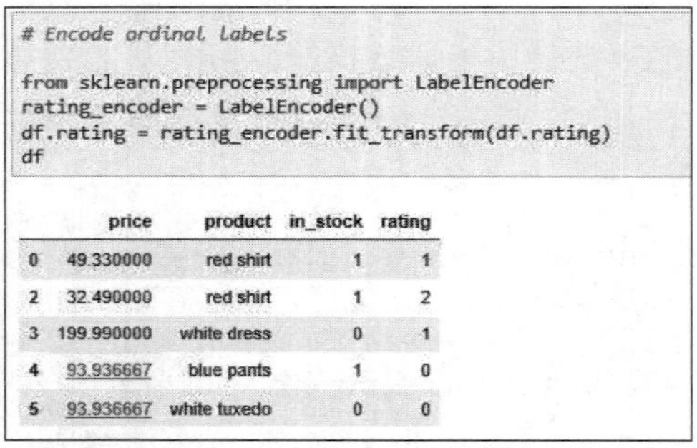

图 2-18　使用 LabelEncoder 编码标签

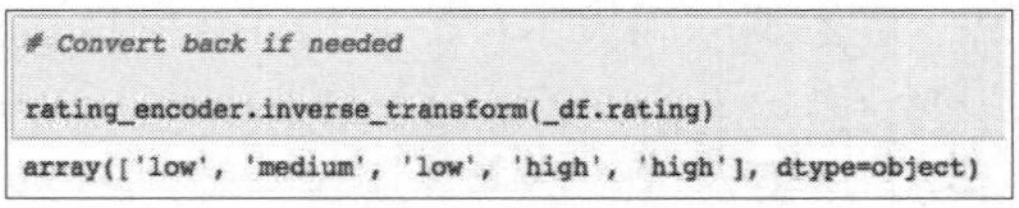

图 2-19　特征转换

请注意这里的一个问题:我们正在使用一个所谓的"序数"特征,其中标签具有固定的顺序,在这种情况下,应该期望 low 的评级被编码为 0,而 high 的评级被编码为 2,然而上述输出并不是我们期望的结果。为了实现正确的序号标签编码,应再次使用 map 并自行构建字典。

(16)通过运行包含以下代码(如代码段 2-2 所示)的单元格正确编码序号标签,结果如图 2-20 所示。

```
ordinal_map = {rating: index for index, rating in enumerate
(['low','medium', 'high'])}
print(ordinal_map)
df.rating = df.rating.map(ordinal_map)
```

代码段 2-2　编码序号标签

我们首先创建了映射字典,这可以通过字典理解和枚举完成,但是查看结果之后,我

```
# Encode the odrinal labels properly using a custom mapping

ordinal_map = {rating: index for index, rating in enumerate(['low', 'medium', 'high'])}
print(ordinal_map)
df.rating = df.rating.map(ordinal_map)
df
```

```
{'low': 0, 'medium': 1, 'high': 2}
```

	price	product	in_stock	rating
0	49.330000	red shirt	1	0
2	32.490000	red shirt	1	1
3	199.990000	white dress	0	0
4	93.936667	blue pants	1	2
5	93.936667	white tuxedo	0	2

图 2-20　编码序号标签

们发现它可以很容易地被手动定义,就像前面对 in_stock 列所做的那样,可将字典映射应用到该特征。从结果来看,现在的评级比以前更有意义,其中 low 被标记为 0,medium 被标记为 1,high 被标记为 2。

前面已经讨论了序数特征,现在谈谈另一种被称为标量值特征的类型,这些字段没有固定的顺序,前面的 product 列就是一个这样的例子。

大多数 scikit-learn 模型都可以在这样的数据上进行训练,其中有字符串而不是整数编码标签。在这种情况下,必要的转换是必需的。然而,对于 scikit-learn 或其他机器学习和深度学习库中的所有模型,情况可能并非如此。因此在预处理过程中,对字符串进行编码是必需的。

(17)一种常用的将类标签从字符串转换为数值的技术被称为独热编码(One-Hot),它将不同的类划分成不同的特征,可以用 pd.get_dumies() 方法很好地实现独热编码,可以通过运行包含以下代码的单元格执行此操作。

```
df=pd.get_dumies(df)
```

最终的 DataFrame 如图 2-21 所示。

```
# One-hot-encode the product feature

df = pd.get_dummies(df)
df
```

	price	in_stock	rating	product_blue pants	product_red shirt	product_white dress	product_white tuxedo
0	49.330000	1	0	0	1	0	0
2	32.490000	1	1	0	1	0	0
3	199.990000	0	0	0	0	1	0
4	93.936667	1	2	1	0	0	0
5	93.936667	0	2	0	0	0	1

图 2-21　用独热编码技术将类标签从字符串转换为数值

上面的例子演示了独热编码的结果：产品列已分为 4 个，每行有一个 1；在每列中，1 或 0 表示该行是否包含特定值或产品。

下面继续并忽略任何数据量的扩展（通常应该这样做）。最后一步是将数据分割成训练集和测试集，以便能用于基于机器学习的模型训练，可以通过 scikit-learn 的 train_test_split 完成。现在假设我们尝试根据其他特征值预测某个项目是否有库存。

（18）通过运行包含以下代码的单元格（如代码段 2-3 所示）将数据拆分为训练集和测试集，结果如图 2-22 所示。

```
features =['price', 'rating', 'product_blue pants', 'product_red shirt',
            'product_white dress','product_white tuxedo']
X =df[features].values
target ='in_stock'
y =df[target].values
from sklearn.model_selection import train_test_split
X_train, X_test, y_train, y_test =\
    train_test_split(X, y, test_size=0.3)
```

代码段 2-3　拆分数据集

```
# Split into training and testing sets

features = ['price', 'rating', 'product_blue pants',
            'product_red shirt', 'product_white dress',
            'product_white tuxedo']
X = df[features].values

target = 'in_stock'
y = df[target].values

from sklearn.model_selection import train_test_split
X_train, X_test, y_train, y_test = \
    train_test_split(X, y, test_size=0.3)

print('        shape')
print('--------------')
print('X_train', X_train.shape)
print('X_test ', X_test.shape)
print('y_train', y_train.shape)
print('y_test ', y_test.shape)

        shape
--------------
X_train (3, 6)
X_test  (2, 6)
y_train (3,)
y_test  (2,)
```

图 2-22　将数据拆分为训练集和测试集

这里选择数据的子集，并将它们输入 train_test_split 函数。该函数有 4 个输出，它们被解压缩到特征（X）和目标（Y）的训练集与测试集中。

观察输出数据的形状，测试集大约有 30% 的样本数据，训练集大约有 70% 的样本数据。

在准备用于训练预测模型的真实数据时将看到类似的代码块。

下面是对在机器学习应用中用到的数据清理的总结，让我们花一分钟的时间关注一下这个问题。Jupyter Notebook 便于我们有效地测试各种转换数据的方法，以及记录我们做决定的处理过程。在处理之前，通过仅改变特定的代码单元可以很容易地将其应用于数据的更新版本。此外，如果希望对处理进行任何更改，可以很容易地在 Jupyter Notebook 中测试这些更改，并且可以更改特定单元以适应这些更新。实现这一目标的最佳方法是将该 Notebook 复制到一个新文件中，以便可以始终保留原始分析的副本以供参考。

现在将这一部分的概念应用到一个大型数据集上，并将其用于训练预测模型。

2.1.3　实践：准备训练"员工去留问题"的预测模型

假设您受雇于一家公司，该公司编制了一套他们认为对找到员工离职原因有帮助的数据，包括员工满意度、评价、工作时间、部门和薪资等的详细信息。

公司通过向您发送一个名为 hr_data.csv 的文件与您共享他们的数据，询问您认为可以做些什么阻止员工离职。下面就将我们到目前为止学到的概念应用到这个实际的问题上。我们力求：

- 根据已有的可用数据使用预测分析提供一份对商务决策有影响的计划；
- 准备用于机器学习模型的数据。

> ⓘ 从本实例开始直到本章结束，我们将使用人力资源分析数据（Human Resources Analytics），这是一个 Kaggle 数据集。本书使用的数据集与在线版本之间存在细微差别。人力资源分析数据包含一些 NaN 值。为了说明数据清洗技术，我们从数据集的在线版本中手动删除了这些数据。出于同样的目的，我们还添加了一列名为 is_smoker 的数据。

（1）打开 chapter-2-workbook.ipynb notebook 文件，定位到 Activity 部分。

（2）通过运行以下代码检查表的头部。

```bash
%%bash
head ../data/hr-analytics/hr_data.csv
```

从输出结果可以判断它是标准的 CSV 格式。对于 CSV 文件，应该能够用 Pandas 的 pd.read_csv 方法加载数据。

（3）利用 Pandas，通过运行 df＝pd.read_csv('./data/hranalytics/hr_data.csv')加载数据。使用 Tab 键的自动编码功能可帮助输入文件路径。

（4）通过输出 df.columns 检查列，并使用 df.head()和 df.tail()输出 DataFrame 数据集的头部和尾部的信息，以确保按预期加载相应的数据集，如图 2-23 所示。

```
df.columns

Index(['satisfaction_level', 'last_evaluation', 'number_project',
       'average_montly_hours', 'time_spend_company', 'work_accident', 'left',
       'promotion_last_5years', 'is_smoker', 'department', 'salary'],
      dtype='object')
```

df.head()

	satisfaction_level	last_evaluation	number_project	average_montly_hours	time_spend_company	work_accident	left	promotion_last_5years	is_s
0	0.38	0.53	2	157.0	3.0	0	yes	0	
1	0.80	0.86	5	262.0	6.0	0	yes	0	
2	0.11	0.88	7	272.0	4.0	0	yes	0	
3	0.72	0.87	5	223.0	5.0	0	yes	0	
4	0.37	0.52	2	NaN	NaN	0	yes	0	

df.tail()

	satisfaction_level	last_evaluation	number_project	average_montly_hours	time_spend_company	work_accident	left	promotion_last_5years
14994	0.40	0.57	2	151.0	3.0	0	yes	0
14995	0.37	0.48	2	160.0	3.0	0	yes	0
14996	0.37	0.53	2	143.0	3.0	0	yes	0
14997	0.11	0.96	6	280.0	4.0	0	yes	0
14998	0.37	0.52	2	158.0	3.0	0	yes	0

图 2-23　检查列并确保数据已按预期加载

可以看到数据似乎已正确加载。根据 df.tail()显示的索引值,有近 15 000 行,通过这种方法可确保没有遗漏任何数据。

(5) 使用以下代码检查 CSV 文件中的行数(包括标题),结果如图 2-24 所示。

```
with open('../data/hr-analytics/hr_data.csv') as f:
print(len(f.read().splitlines()))
```

(6) 将此结果与 len(df)语句的输出结果进行比较,以确保已加载所有数据,如图 2-25 所示。

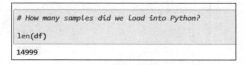

```
# How many lines in the CSV (including header)
with open('../data/hr-analytics/hr_data.csv') as f:
    print(len(f.read().splitlines()))

15000
```

```
# How many samples did we load into Python?
len(df)

14999
```

图 2-24　检查 CSV 文件中的行数　　　图 2-25　len(df)返回的数据行数

既然客户数据已经正确加载,那么就让我们考虑如何使用预测分析模型探究员工离职的原因。

首先完成创建预测分析计划的第一步。

• **查看可用数据**:我们已经通过查看列、数据类型和样本数量完成了此操作[①]。

---

① 详见前述操作语句。

- **确定业务需求**：客户已明确表达了他们的需求——找到员工离职的原因、减少离职员工的数量。
- **评估数据的适用性**：根据提供的数据，确定一个可以满足客户需求的计划。

如前所述，采用有效的分析技术会产生有影响力的商业决策。考虑到这一点，如果我们能够预测员工离职的可能性（原因），那么企业可以选择性地针对这些员工进行特殊对待。例如，可以提高他们的工资或减少他们的工作项目数量。这些变化的影响可以用这里提到的模型进行估计。

为了评估该计划的有效性，让我们再分析一下数据。每行数据代表为公司工作或已经离职（left）的员工，如同名为 left 的列所标记的那样。因此，在给定一组特征的情况下，可以训练模型以预测它的目标值是否为 left。

在评估目标变量时，可以通过运行以下代码检查缺失条目的分布和数量，如图 2-26 所示。

```
df.left.value_counts().plot('barh')
print(df.left.isnull().sum())
```

第二个代码行的输出如图 2-27 所示。

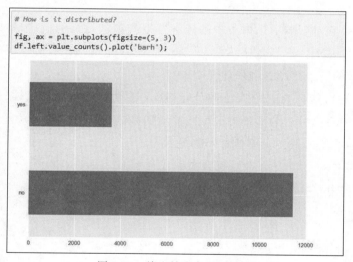

图 2-26 检查缺失条目的分布

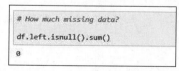

图 2-27 检查缺失条目的数量

大约 3/4 的数据样本是没有离职的员工，而离职的员工则构成了另外 1/4 的数据样本，这表示我们正在处理一个不平衡的数据分类问题，意味着在计算精度时必须采取特殊措施以计算数据的每个类别。可以看到，这里没有任何目标变量值出现缺失（即目标变量没有 NaN 值）。

现在，我们将评估这些特征。

（1）通过执行 df.dtypes 命令打印每个数据类型，观察如何将连续特征和离散特征混合到一起，如图 2-28 所示。

```
# Print datatypes
df.dtypes

satisfaction_level          float64
last_evaluation             float64
number_project              int64
average_montly_hours        float64
time_spend_company          float64
work_accident               int64
left                        object
promotion_last_5years       int64
is_smoker                   object
department                  object
salary                      object
dtype: object
```

图 2-28　输出数据集中的数据类型

（2）运行以下代码，显示特征的分布。

```
for f in df.columns:
try:
fig = plt.figure()
...
print('-' * 30)
```

以上代码片段有些复杂，但是它对于显示数据集中的连续特征和离散特征的概述是非常有用的。从本质上讲，它假设每个特征都是连续的，并尝试绘制其分布；如果特征数据是离散的，则恢复为简单地绘制其值的计数，结果如图 2-29 所示。

对于许多特征来说，我们看到可能值有一个广泛的分布，这表明了特征空间的多样性。对于模型来说，围绕少量值进行强分组的那些特征可能并不能提供很好的信息，例如 promotion_last_5years 就是这种情况[①]，其绝大多数样本都是 0。

下面需要从数据集中删除所有 NaN 值。

（1）运行以下代码，检查每列中有多少 NaN 值，结果如图 2-30 所示。

```
df.isnull().sum() / len(df) * 100
```

可以看到，对于 average_montly_hours 数据量列，大约有 2.5％的缺失值，time_spend_company 数据列的缺失率为 1％，is_smoker 数据列的缺失率为 98％。现在，使用一些我们已经学习的策略完成下面的数据预处理工作。

（2）由于在 is_smoker 测度列中几乎没有任何信息，所以删除此列。通过运行 del df['is_smoker']语句完成此操作。

（3）因为 time_spend_company 数据列中的数据是整数字符，所以使用中值填充此列中的缺失值（NaN），可以通过以下代码完成。

---

① 译者注：参见上图中最后一个统计结果图。

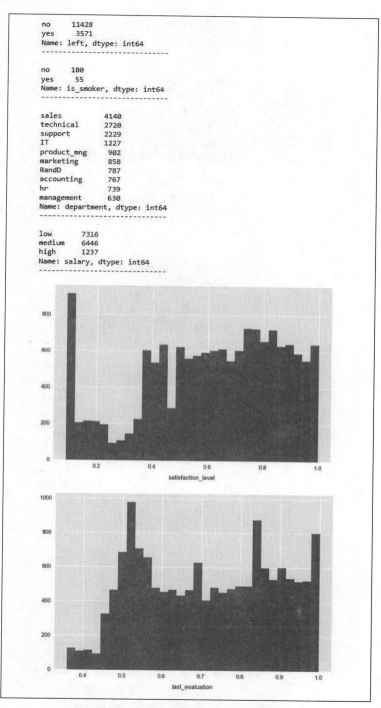

```
no      11428
yes      3571
Name: left, dtype: int64
-------------------------------

no       180
yes       55
Name: is_smoker, dtype: int64
-------------------------------

sales         4140
technical     2720
support       2229
IT            1227
product_mng    902
marketing      858
RandD          787
accounting     767
hr             739
management     630
Name: department, dtype: int64
-------------------------------

low      7316
medium   6446
high     1237
Name: salary, dtype: int64
-------------------------------
```

图 2-29　显示数据集中的特征分布

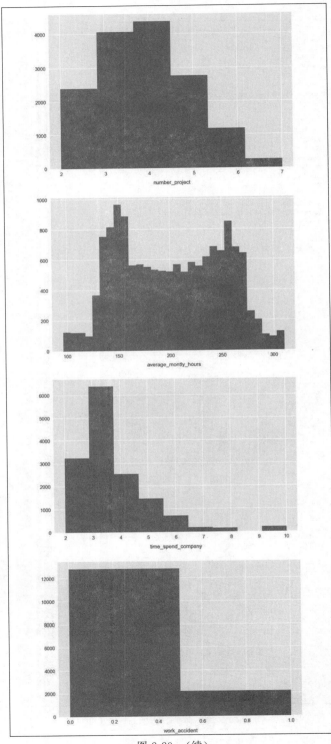

图 2-29 （续）

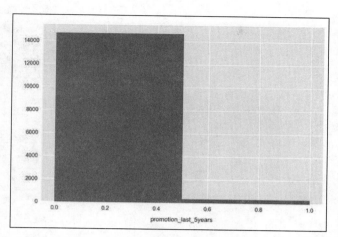

图 2-29 （续）

```
# How many NaNs?

df.isnull().sum() / len(df) * 100

satisfaction_level       0.000000
last_evaluation          0.000000
number_project           0.000000
average_montly_hours     2.453497
time_spend_company       1.006734
work_accident            0.000000
left                     0.000000
promotion_last_5years    0.000000
is_smoker               98.433229
department               0.000000
salary                   0.000000
dtype: float64
```

图 2-30 检查每列中有多少 NaN 值

```
fill_value =df.time_spend_company.median()
df.time_spend_company=df.time_spend_company.fillna(fill_value)
```

要处理的最后一列是 average_montly_hours。可以使用其中位数或四舍五入的平均值作为（缺失值的）整数填充值。试着利用它与另一个变量的关系，可能能够更准确地填补缺失的数据。

（4）制作一个以 number_project 列为横坐标分割的关于 average_monthly_hours 属性的箱线图，可以通过运行以下代码完成，运行结果如图 2-31 所示。

```
sns.boxplot(x='number_project', y='average_montly_hours', data=df)
```

可以看到，项目的数量与 average_montly_hours 是相关的，这个结果并不令人惊讶。我们将利用这种关系并根据该示例的项目数量，以不同的方式填充 average_montly_hours 的 NaN 值。具体来说，我们将使用每组的平均值。

（5）通过运行以下代码（如代码段 2-4 所示）计算每个组的平均值，结果如图 2-32 所示。

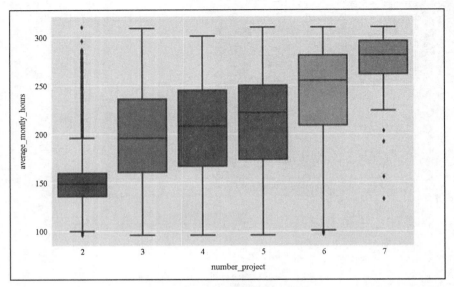

图 2-31　箱线图

```
mean_per_project =df.groupby('number_project')\
                  .average_montly_hours.mean()
mean_per_project =dict(mean_per_project)
print(mean_per_project)
```

代码段 2-4　计算平均值

```
# Calculate fill values for average_montly_hours

mean_per_project = df.groupby('number_project')\
                   .average_montly_hours.mean()
mean_per_project = dict(mean_per_project)
mean_per_project

{2: 160.16353543979506,
 3: 197.47882323104236,
 4: 205.07858315740089,
 5: 211.99962839093274,
 6: 238.73947368421054,
 7: 276.015873015873}
```

图 2-32　计算每组的平均值

然后将其映射到 number_project 列中,并将结果序列对象作为参数传递给 fillna。

(6) 通过执行以下代码填充 average_montly_hours 属性列中的缺失值(NaN)。

```
fill_values =df.number_project.map(mean_per_project)
df.average_montly_hours =df.average_montly_hours.fillna(fill_values)
```

(7) 通过运行以下断言测试(assertion test)确认 df 没有更多的 NaN 值。如果没有引发错误信息,那么说明已经成功地从表中删除了 NaN 值。

```
assert df.isnull().sum().sum() ==0
```

（8）最后，将字符串和布尔字符转换为整数表示。特别是手动将目标变量从 yes 和 no 转换为 1 和 0，并构建独热编码（one-hot）特征，可以通过运行以下代码执行此操作。

```
df.left =df.left.map({'no': 0, 'yes': 1})
df =pd.get_dummies(df)
```

（9）打印 df.columns 以显示字段，结果如图 2-33 所示。

```
df.columns
Index(['satisfaction_level', 'last_evaluation', 'number_project',
       'average_montly_hours', 'time_spend_company', 'work_accident', 'left',
       'promotion_last_5years', 'department_IT', 'department_RandD',
       'department_accounting', 'department_hr', 'department_management',
       'department_marketing', 'department_product_mng', 'department_sales',
       'department_support', 'department_technical', 'salary_high',
       'salary_low', 'salary_medium'],
      dtype='object')
```

图 2-33 显示字段内容

可以看到，department 和 salary 被分成了几个不同的二元特征。

为机器学习准备数据的最后一步是扩展这些特征，但是由于各种原因（如某些模型不需要这样的扩展），本书将在下一个实例中将其作为模型训练工作流程的一部分完成。

（10）现在已完成数据预处理，并准备继续训练模型，可以通过运行以下代码保存预处理数据。

```
df.to_csv('../data/hr-analytics/hr_data_processed.csv', index=False)
```

请在这里暂停一下。请注意，Jupyter Notebook 在执行初始数据分析和清理时非常符合我们的需求。想象一下，假设将这个项目保持在当前的状态长达几个月，当再次打开它的时候，我们可能不记得几个月前到底做了什么。不过，只要看这个 Notebook 文档，就可以回顾曾经完成的步骤，并快速回忆起几个月前从数据中学到了什么内容。此外，我们可以用任何新的数据更新数据源，并重新运行此 Notebook 文档，以准备用于机器学习算法的新数据集。回想一下，在这种情况下，建议先制作一个 Notebook 副本，以免丢失已做过的初步分析。

总之，我们已经学习并应用了训练机器学习模型的方法，首先确定了可以通过预测分析解决的问题的步骤，包括：

- 查看可用数据；
- 确定业务需求；
- 评估数据的可用性。

其次讨论了如何识别监督与非监督学习算法,以及回归与分类问题。

在确定了问题后,我们学习了使用 Jupyter Notebook 构建和测试数据转换管道(pipeline),包括填充丢失数据、转换分类特征以及构建训练/测试数据集的方法和最佳实践。

本章的其余部分将使用这些预处理数据训练各种分类模型。为了避免盲目地应用目前尚不理解的算法,本书首先介绍其概念并概述其工作原理;然后使用 Jupyter Notebook 训练和比较它们的预测能力,在这里将讨论机器学习中更高级的主题,如过拟合(overfitting)、k 折交叉验证(k-fold cross validation)和验证曲线(validation curve)。

2.2　训练分类模型

使用 scikit-learn 之类的库和 Jupyter Notebook 这样的平台预测模型可以仅用几行代码解决问题,这可以通过复杂计算抽象出优化模型参数所涉及的参数实现。换句话说,我们处理的是一个"黑盒",其中的内部操作对我们而言是隐藏的。这种"黑盒"的简单性也可能会带来滥用算法的危险,例如在训练期间的过度拟合或无法正确测试不可见数据。下面将展示如何在训练分类模型的同时避免步入这些陷阱,并使用 k 折交叉验证和验证曲线生成可信的预测结果。

2.2.1　分类算法简介

有监督机器学习的两种类型是回归和分类。在回归中,我们仅预测一个连续的目标变量,可回想一下第 1 章中的线性模型和多项式模型。本章将重点讨论另一种有监督的机器学习——分类。在这里,我们的目标是使用可用的测度(metrics)预测样本的分类类别。

在最简单的情况下,只有两个可能的类,这意味着我们进行的是二分类。本章中的示例问题就是一个二分类问题,即我们试图预测员工是否离开。如果有两个以上的类标签,那么处理的就是多分类问题了。

虽然在使用 scikit-learn 训练模型时二分类和多分类没有太多区别,但是在"黑盒"中所做的事情却是明显不同的。特别地,多分类模型通常采用一对多的方法,对于有三个类标签的情况,此操作如下:当模型被"喂入"数据时,将对三个模型进行训练,每个模型预测样本是否是某个类或其他类的一部分。这可能会让人想起之前所做的特征的独热(One-Hot)编码,当对样本进行预测时,其中置信度最高的类标签将被返回。

本章将训练三种类型的分类模型:支持向量机(Support Vector Machines,SVM)、随机森林(Random Forests)和 k 最近邻(k-Nearest Neighbors，kNN)分类器，它们各不相同。然而，这些算法在 scikit-learn 上的训练是相似的，它们都可用于预测。在切换到 Jupyter Notebook 并实现这些分类之前，我们将简要地了解它们是如何工作的。其中，SVM 尝试找到最好的超平面以划分类，这是通过最大化超平面和每个类（即所谓的支持向量）与最近样本之间的距离完成的。

这种线性分类也可使用"核"技巧完成对非线性类的建模，该方法将特征映射到确定超平面的高维空间中。超平面也被称为决策面，将在训练模型时被可视化。

k 最近邻分类算法会记录训练数据，并根据特征空间中 k 个最近的样本的类别完成分类预测。如果有三个特征，则可以将其预测样本可视化为一个球体。通常在处理三个以上的特征时绘制超球面以寻找最近的 k 个样本。

随机森林是多个决策树的集合，每棵树都根据不同的训练数据子集进行训练。

决策树算法根据一系列的"决定"对样本进行分类。例如，第一个决策可能是"特征 x_1 小于 0 还是大于 0"。在这种情况下，数据将被分割，并被输出到决策树中向下的某个分支中。构建决策树的每个步骤都是基于最大化信息增益(information gain)①的特征分割属性决定的。

本质上，这个术语从数学上描述了试图选择目标变量的最佳分割。

训练随机森林包括为一组决策树创建 bootstrap(随机抽样数据替换)数据集，然后根据多数投票进行预测。这些方法的优点是可以避免过拟合，且具有更好的通用性。

  ⓘ 决策树可以用来建立连续和分类数据的混合模型，这使得它们非常有用。此外，正如我们将在本章后面看到，可以通过限制树的深度减少过度拟合。如果想详细了解决策树算法，请浏览：https://stackoverflow.com/a/1859910/3511819。在这里，作者给出了一个简单的例子，并讨论了节点纯度(node purity)、信息增益(information gain)和熵(entropy)等的概念。

---

1. 使用 scikit-learn 训练二特征分类模型

下面将继续研究员工去留问题。之前，我们已经准备了一个用于训练分类模型的数据集并用其预测员工是否会离职；现在，我们将用该数据训练分类模型。

(1) 启动 Jupyter Notebook 应用程序，打开 chapter-2-workbook.ipynb 文件，向下滚

---

  ① 译者注：对于待划分的数据集 D，其熵（划分后）越小，说明使用此特征划分得到的子集的不确定性越小，即使用当前特征划分 D 时其纯度上升得更快。在构建最优决策树时，总希望能更快速地到达纯度更高的集合（类似于梯度下降算法）。在决策树的构建过程中，希望集合能够向最快到达纯度更高的子集的方向发展，因此选择能够使信息增益最大的特征划分当前的 D。引自：https://www.cnblogs.com/muzixi/p/6566803.html。

动到 TopicB：Training classification models 小节。运行第 1 对单元格以设置默认的图大小，并加载之前保存到 CSV 文件中的预处理数据。

本例将在两个连续特征（satisfaction_level 和 last_evaluation）上训练分类模型。

（2）通过运行包含以下代码的单元格绘制连续目标变量的双变量和单变量图，如图 2-34 所示。

```
sns.jointplot('satisfaction_leve',
'last_evaluation', data=df, kind='hex')
```

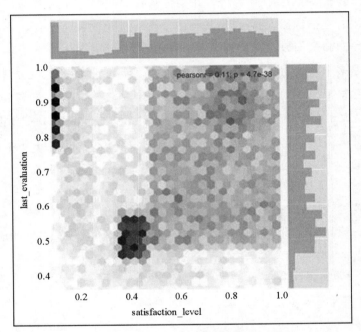

图 2-34　连续目标变量的双变量和单变量图

从图 2-34 中可以看到，数据模式有很大不同。

（3）通过运行包含以下代码的单元格（如代码段 2-5 所示）重新绘制双变量分布图，对目标变量进行分段，结果如图 2-35 所示。

```
plot_args =dict(shade=True, shade_lowest=False)
for i, c in zip((0, 1), ('Reds', 'Blues')):
sns.kdeplot(df.loc[df.left==i, 'satisfaction_level'],
df.loc[df.left==i, 'last_evaluation'],
cmap=c, * * plot_args)
```

代码段 2-5　绘制变量分布

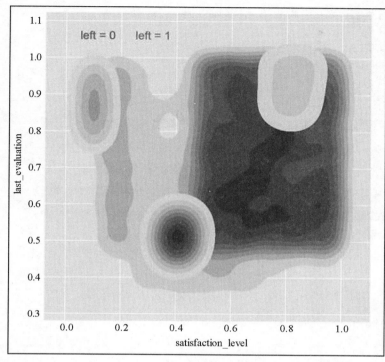

图 2-35　双变量分布图

从图 2-35 可以看到,模式是与目标变量相关联的。本节的其余部分将尝试利用这些模式训练有效的分类模型。

(4) 通过运行包含以下代码的单元格(如代码段 2-6 所示)将数据拆分为训练集和测试集。

```
from sklearn.model_selection import train_test_split
features =['satisfaction_level', 'last_evaluation']
    X_train, X_test, Y_train, Y_test=
    train_test_split(df[features].values, df['left'].values,
    test_size=0.3, random_state=1)
```

代码段 2-6　拆分数据集

针对这两个数据模型(即支持向量机 SVM 和 k 最近邻算法 kNN),当处理特征有序的、规模可缩放的输入数据时,它们是有效的。下面将使用 scikit-learn 的 StandardScaler 完成此任务①。

(5) 加载 StandardScaler 并创建一个新的实例,用 scaler 变量实例化并引用它。用训练数据集作为 scaler 的 fit 相关方法(fit_transform)的参数进行转换。之后,对测试数据

---

① 译者注:使用 sklearn.preprocessing.StandardScaler 类还可以保存训练集中的参数(均值、方差),方便直接使用其对象转换数据。

集执行类似的操作,运行包含以下代码的单元格(如代码段 2-7 所示)。

```
from sklearn.preprocessing import StandardScaler
scaler = StandardScaler()
X_train_std = scaler.fit_transform(X_train)
X_test_std = scaler.transform(X_test)
```

代码段 2-7　加载 StandardScaler 并创建其实例

> ⓘ 在进行机器学习时,一个很容易犯的错误是给 scaler"喂入"整个数据集,而事实上,它只应被"喂入"训练数据。在将整个数据集分为训练集和测试集之前执行 scaler 是错误的。我们不希望这样做,因为模型训练不应受到测试数据的任何影响。

(6)通过运行包含以下代码的单元格导入 scikit-learn 中的支持向量机类,并将训练数据"喂给"模型。

```
from sklearn.svm import
    SVC svm = SVC(kernel='linear', C=1, random_state=1)
    svm.fit(X_train_std, y_train)
```

然后,训练这个线性 SVM 分类模型。其中,C 参数控制错误分类的惩罚系数,它可以控制模型的方差(variance)和偏差(bias)。

(7)通过运行包含以下代码的单元格(代码段 2-8 所示)计算此模型在不可见数据上的准确性。

```
from sklearn.metrics import accuracy_score
y_pred = svm.predict(X_test_std)
acc = accuracy_score(y_test, y_pred)
print('accuracy = {:.1f}%'.format(acc * 100))
>>accuracy = 75.9%
```

代码段 2-8　计算测度

预测测试数据集的类标,然后使用 scikit-learn 中的 accuracy_score 函数确定准确性,这是我们的第一个模型,尽管目标是不平衡的,但其准确率看起来还不错(约 75%)。下面看看每个类的预测准确度。

(8)通过运行包含以下代码的单元格(如代码段 2-9 所示)计算混淆矩阵,确定每个类的准确度。

```
from sklearn.metrics import confusion_matrix
cmat = confusion_matrix(y_test, y_pred)
scores = cmat.diagonal() / cmat.sum(axis=1) * 100
print('left = 0 : {:.2f}%'.format(scores[0]))
```

```
print('left =1 : {:.2f}%'.format(scores[1]))
>>left =0 : 100.00%
>>left =1 : 0.00%
```

代码段 2-9　计算混淆矩阵

看起来，此模型只是将每个样本都分类为"0"，这显然是没有任何帮助的。下面使用等高线图（通常称为决策边界图）显示特征空间中每个点的预测类。

（9）使用 mlxtend 库中的一个有用的函数绘制决策边界区域。运行包含以下代码的单元格（如代码段 2-10 所示），结果如图 2-36 所示。

```
from mlxtend.plotting import plot_decision_regions
N_samples =200
X, y =X_train_std[:N_samples], y_train[:N_samples]
plot_decision_regions(X, y, clf=svm)
```

代码段 2-10　创建绘图及相关参数

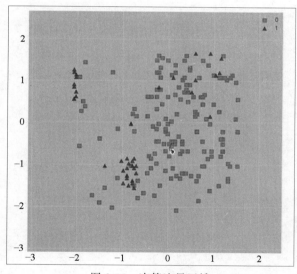

图 2-36　决策边界区域

该函数绘制了决策区域并返回了作为参数传递的一组样本。为了正确地查看决策区域和简化视图，我们只将测试数据的 200 个样本子集传递给 plot_decision_regions 函数，在这种情况下，这并不重要。结果将全部显示为红色，表明特征空间中的每个点都被归类为"0"类标。

综上所述，线性模型不能很好地描述这些非线性模式也就不足为奇了。回想一下前面提到的使用 SVM 解决非线性问题分类的"核"（kernel）机制，下面看看这样做是否可以改善结果。

（10）通过运行包含 SVC 的单元格输出 scikit-learn 的 SVM 的 docstring。向下滚动并查看参数说明。注意 kernel 选项，默认情况下实际启用为 rbf①。使用此选项，通过运行包含以下代码的单元格训练新的 SVM。

```
svm = SVC(kernel='rbf', C=1, random_state=1)
svm.fit(X_train_std, y_train)
```

（11）为了更容易地评估模型性能，这里定义一个名为 check_model_fit 的函数，它可以计算各种指标，我们可以根据它比较模型性能。运行定义此功能的单元格。

从示例中可以看到在此函数中完成的计算，它仅计算准确度并绘制决策区域。

（12）通过运行包含以下代码的单元格在训练数据上显示新训练的 kernel-SVM 结果，如图 2-37 所示。

```
check_model_fit(svm, X_test_std, y_test)
```

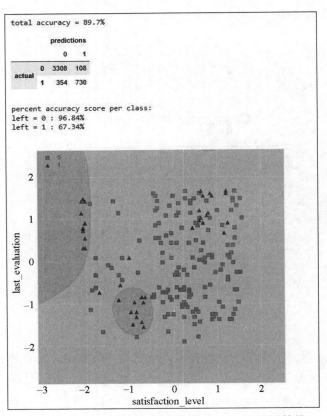

图 2-37　在训练数据上显示新训练的 kernel-SVM 结果

---

① 译者注：径向基函数核（Radial Basis Function）是一种常用的核函数，也是支持向量机分类中最为常用的核函数之一。

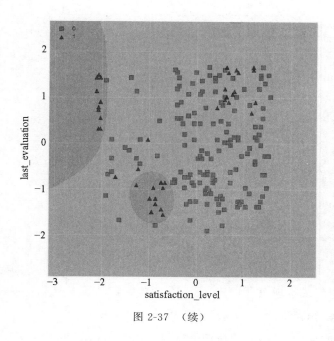

图 2-37 （续）

可以看到,结果变得好多了。现在,我们能够捕获数据中的一些非线性模式,并能正确地对大多数离职员工进行分类。

2. plot_decision_regions 函数

plot_decision-regions 函数由 mlxtend 提供,mlxtend 是由 Sebastian Raschka 开发的 Python 库。源代码(当然是用 Python 编写的)值得一看,以便了解如何绘制这些图。

在 Jupyter Notebook 中,使用下面的语句导入函数:

```
from mlxtend.plotting import plot_decision_regions
```

然后,使用 plot_decision_regions? 语句提取帮助,滚动到底部查看本地文件路径,如图 2-38 所示。

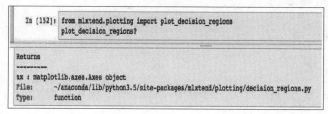

图 2-38 有关 plot_decision_regions 函数的说明

之后,打开文件并检查,例如可以在 Notebook 中运行 cat,如图 2-39 所示。

```
In [153]: cat ~/anaconda/lib/python3.5/site-packages/mlxtend/plotting/decision_regions.py
```

```python
def plot_decision_regions(X, y, clf,
                          feature_index=None,
                          filler_feature_values=None,
                          filler_feature_ranges=None,
                          ax=None,
                          X_highlight=None,
                          res=0.02, legend=1,
                          hide_spines=True,
                          markers='s^oxv<>',
                          colors='red,blue,limegreen,gray,cyan'):
    """Plot decision regions of a classifier.

    Please note that this functions assumes that class labels are
    labeled consecutively, e.g,. 0, 1, 2, 3, 4, and 5. If you have class
    labels with integer labels > 4, you may want to provide additional colors
    and/or markers as `colors` and `markers` arguments.
    See http://matplotlib.org/examples/color/named_colors.html for more
    information.
```

图 2-39　打开文件并检查

这样做虽然是可以的,但效果不理想,因为代码没有颜色标记。建议复制代码(这样做并不会改变原始文件),并用您喜欢的文本编辑器打开它。

注意负责映射决策区域的代码,可以看到在特征空间上数组 x_predict 预测 Z 的等高线图,如图 2-40 所示。

```python
xx, yy = np.meshgrid(np.arange(x_min, x_max, xres),
                     np.arange(y_min, y_max, yres))

if dim == 1:
    X_predict = np.array([xx.ravel()]).T
else:
    X_grid = np.array([xx.ravel(), yy.ravel()]).T
    X_predict = np.zeros((X_grid.shape[0], dim))
    X_predict[:, x_index] = X_grid[:, 0]
    X_predict[:, y_index] = X_grid[:, 1]
    if dim > 2:
        for feature_idx in filler_feature_values:
            X_predict[:, feature_idx] = filler_feature_values[feature_idx]
Z = clf.predict(X_predict)
Z = Z.reshape(xx.shape)
# Plot decisoin region
ax.contourf(xx, yy, Z,
            alpha=0.3,
            colors=colors,
            levels=np.arange(Z.max() + 2) - 0.5)
```

图 2-40　负责映射决策区域的代码

下面继续讨论下一个模型:k 最近邻模型(k-Nearest Neighbors)。

3. 使用 k-nearest neighbors 算法训练模型

(1) 加载 scikit-learn 的 kNN 分类模型。通过运行包含以下代码的单元格打印其相应的 docstring。

```
from sklearn.neighbors import KNeighborsClassifier
KNeighborsClassifier?
```

其中的 n_neighbors 参数决定了进行分类时要使用的样本数。如果权重参数设置为统一(uniform),则类标签由多数投票决定。权重的另一个有用选项是距离(distance),其中较近的样本在投票中具有较高的权重。与大多数模型参数一样,要根据特定数据集的情况确定最佳的参数选择。

(2)使用 n_neighbors=3 训练 kNN 分类器,然后计算准确度和决策区域。运行包含以下代码的单元格,结果如图 2-41 所示。

```
knn = KNeighborsClassifier(n_neighbors=3)
knn.fit(X_train_std, y_train)
check_model_fit(knn, X_test_std, y_test)
```

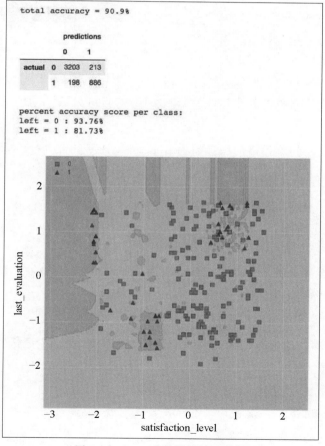

图 2-41 kNN 分类器决策区域图

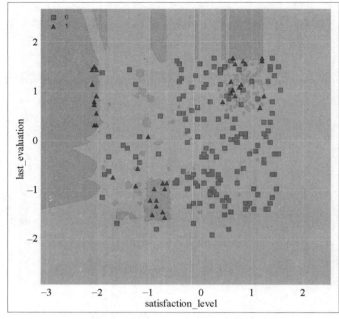

图 2-41 （续）

可以看到整体准确度有所提高,特别是类别"1"。但是,决策区域图表明有"过拟合"问题(锯齿状的决策边界、散布于各处的像小口袋的分割小区域),可以通过增加最近邻的数量柔化决策边界,以减少"过拟合"。

（3）通过运行包含以下代码的单元格训练参数为 n_neighbor2＝25 的 kNN 模型,如图 2-42 所示。

```
knn =KNeighborsClassifier(n_neighbors=25)
knn.fit(X_train_std, y_train)
check_model_fit(knn, X_test_std, y_test)
```

从图 2-42 中可以看到,决策边界已经没有过拟合时那样明显波动了,且蓝色区域数量要比刚才少很多。类别"1"的准确性略低,但我们还需要使用更全面的方法（如 k-fold 交叉验证）验证两种模型之间是否存在显著差异。

注意,增加 n_neighbors 参数的值对训练时间没有影响,因为模型只是"记忆"数据,但预测时间将受到很大影响。

在使用真实数据进行机器学习时,算法的运行速度要足够快,要满足实际需求,这一点很重要。例如预测明天的天气,如果脚本的运行时间超过一天,则失去意义。内存也是一个需要考虑的因素,在处理大量数据时应考虑到内存。

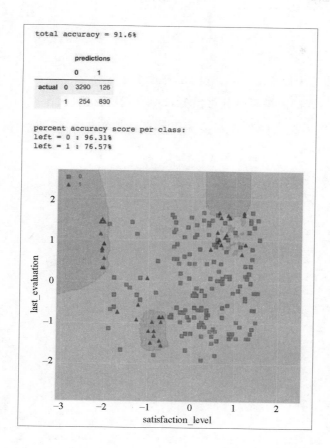

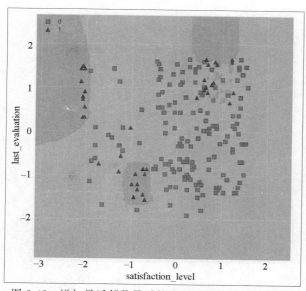

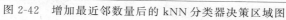

图 2-42　增加最近邻数量后的 kNN 分类器决策区域图

4. 训练随机森林

观察每个模型训练和预测的相似程度,尽管它们在内部各有不同。

(1) 训练由 50 个决策树组成的随机森林分类模型,每个决策树的最大深度为 5。运行包含以下代码的单元格(如代码段 2-11 所示),结果如图 2-43 所示。

```
from sklearn.ensemble import RandomForestClassifier
forest = RandomForestClassifier(n_estimators=50,
max_depth=5,
random_state=1)
forest.fit(X_train, y_train)
check_model_fit(forest, X_test, y_test)
```

代码段 2-11   设定随机森林分类模型的相关参数

请注意由决策树机器学习算法生成的独特的平行于轴的决策边界。

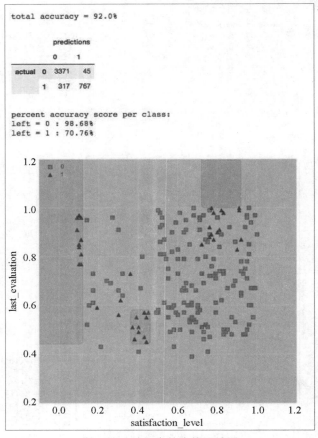

图 2-43   随机森林决策区域图

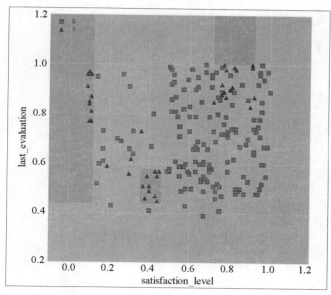

图 2-43 （续）

可以访问用于构建随机森林的任何单个决策树,这些树存储在模型的 estimators_ attribute 变量中。下面绘制其中一个决策树,以了解正在发生的事情,此时需要 **graphviz** 依赖支持①。

（2）通过运行包含以下代码的单元格(如代码段 2-12 所示),在 Jupyter Notebook 中绘制一个决策树,如图 2-44 所示。

```
from sklearn.tree import export_graphviz
import graphviz
dot_data =export_graphviz(
    forest.estimators_[0],
    out_file=None,
    feature_names=features,
    class_names=['no', 'yes'],
    filled=True, rounded=True,
    special_characters=True)
graph =graphviz.Source(dot_data)
graph
```

代码段 2-12 通过对 graphviz 相关参数的设定完成决策树的绘制

---

① 译者注：graphviz 是一个由 AT&T 实验室开发的开源工具包,用于绘制 DOT 语言脚本描述的图形,在这里用于可视化决策树。

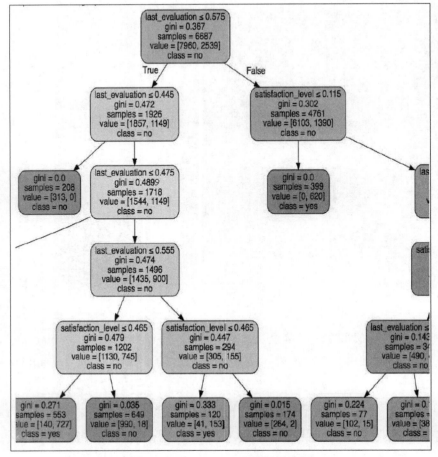

图 2-44   由 graphviz 生成的决策树

可以看到,由于设置了参数 max_depth＝5,每条路径被限制为 5 个节点。橙色框表示 no(代表员工未离开公司),蓝色框表示 yes(代表员工已离开公司)。每个盒子的阴影(浅色和深色等)表示置信度,与 gini 系数值有关。

总而言之,我们已经完成了本节的两个学习目标:

* 获得了对支持向量机(SVM)、k 最近邻(kNN)分类器和随机森林(Random Forest)的定性理解;

* 能够使用 scikit-learn 和 Jupyter Notebook 训练各种模型,可以自信地构建和比较预测模型。

特别地,我们使用来自员工去留问题的预处理数据训练分类模型,以预测员工是否会离开公司。为了简化实际问题并专注于算法本身,我们根据给定的两个特征(满意度和最后评估值)建立模型并进行预测。这个二维特征空间还允许我们可视化决策边界,并根据可视化图识别数据是否"过拟合"。

下面介绍机器学习中的两个重要主题：k折交叉验证和验证曲线。

2.2.2 使用k折交叉验证和验证曲线评估模型

到目前为止，我们已经在数据子集上训练了模型，然后评估了测试集的不可见部分的性能。这是一种很好的做法，因为模型在训练数据上的性能表现并不能作为预测其有效性的良好指标。虽然通过"过拟合"模型提高训练数据集的准确性非常容易，但可能会导致不可见数据的性能变得较差。

也就是说，以这种简单分割数据的方式训练模型是不够的。根据训练和测试分割数据会使数据存在自然差异，导致精度不同（哪怕只是一点点）。此外，仅用一个训练和测试数据分割模型可能会使某些模型引入偏差，并导致"过拟合"。

k折交叉验证提供了对上述问题的解决方案，允许通过对每个精度计算误差估计而计算方差。反过来，这自然会导致使用验证曲线调整模型的参数，而这些超参数（例如在随机森林中使用的决策树的数量或最大深度）则可用于绘制数据的精度。

> ℹ 这是我们第一次使用术语"超参数"，它指初始化模型时定义的参数，例如SVM的C参数。超参数与经过训练的模型的参数（例如一个经过训练的SVM的决策边界超平面的公式参数）是不同的。

该方法如图2-45所示，从图中可以看到如何从数据集中选择k折数据（k-fold）。

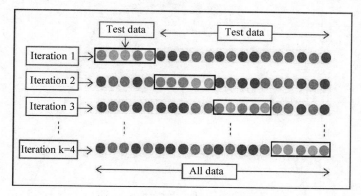

图2-45 基于k折交叉选择数据

k折交叉验证算法如下。

（1）将数据拆分为大小近似相等的k"折"。

（2）在不同的折叠组合上测试和训练 k 个模型。每个模型将包括 $k-1$ 折的训练数据，其余数据则用于测试。在 k 折交叉验证算法中，每个"折"的数据仅用作一次验证。

（3）通过取 k 值的平均值计算模型精度，计算标准偏差以得到值的误差。

标准情况下,设置 $k=10$,如果使用大数据集,则应考虑使用更小的 k 值。

该验证方法可以可靠地比较不同的超参数(例如 SVM 的 C 参数或 kNN 分类器中的最近邻居的数量)的模型性能,也适用于比较完全不同的模型。

一旦确定了最佳模型,在将其用于预测实际分类之前,需要对整个数据集进行重新训练。

当使用 scikit-learn 实现此功能时,通常需要略微改进普通的 k 折算法,即使用其变体,也就是所谓的分层 k 折交叉验证(stratified k-fold cross validation)。改进之处在于分层 k 折交叉验证在折叠中保持大致均匀的类标签数[①]。可以想象,这样做可以减少模型中的整体方差,并降低高度不平衡模型导致偏差的可能性。

验证曲线(validation curve)是指某个模型参数函数的训练和验证度量的图,并允许进行模型参数的选择。本书将使用准确度得分(accuracy score)作为这些图的度量标准。

> ⓘ 验证曲线的相关文档可在这里查阅:http://scikit-learn.org/stable/auto_examples/model_selection/plot_validation_curve.html。

观察如图 2-46 所示的验证曲线,其中的准确度得分被绘制为 gamma SVM 参数的函数。

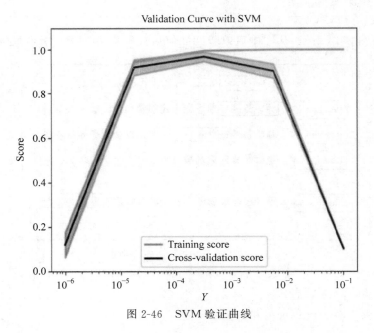

图 2-46   SVM 验证曲线

---

① 译者注:分层交叉验证在每一折中都保持着原始数据中各个类别的比例关系,例如原始数据有 3 类,比例为 1∶2∶1,如果采用 3 折分层交叉验证,那么在划分的 3 折中,每一折中的数据类别均保持着 1∶2∶1 的比例。引自:https://www.jianshu.com/p/dbc84ac47bc7。

从图 2-46 的左侧开始，可以看到两组数据在得分上都是一致的。然而与其他 gamma 值相比，其得分也相当低，因此称模型"欠拟合"数据。增加 gamma 值后，可以看到一个两条线的误差条不再重叠的点，从这一点开始，可以看到分类器开始"过拟合"数据了，这是因为与验证集相比，模型在训练集上表现得越来越好。通过在两条线上寻找重叠的误差条的高验证分数可以找到 gamma 参数的最佳值。

请记住，某些参数的学习曲线(learning curve)仅在其他参数保持不变的情况下有效。例如，如果在该图中训练 SVM，可以选择 10^{-4} 附近的 gamma 值。但是，我们也希望优化 C 参数，如果 SVM 算法的 C 值不同，那么前面的图就会不同，我们对 gamma 的选择可能就不再是最优的了。

下面介绍如何在 Python 中利用 scikit-learn 使用 k 折交叉验证和验证曲线。

(1) 启动 Jupyter Notebook 应用程序，打开随书提供的 chapter-2-workbook.ipynb 文件。向下滚动到小标题为 Subtopic B：K-fold cross-validation and validation curves 的小节。

训练数据已经存储在 Notebook 的内存中，但需要重新加载它以提醒自己在做什么。

(2) 加载数据，为训练/验证集选择 satisfaction_level 和 last_evaluation 特征。这次不会使用训练/测试分割，而是使用 k 折验证法。运行如代码段 2-13 所示的单元格。

```
df =pd.read_csv('../data/hr-analytics/hr_data_processed.csv')
features =['satisfaction_level', 'last_evaluation']
X =df[features].values
y =df.left.values
```

代码段 2-13 对载入的数据完成验证

(3) 通过运行包含以下代码的单元格实例化随机森林模型。

```
clf =RandomForestClassifier(n_estimators=100, max_depth=5)
```

(4) 为了使用分层 k 折交叉验证训练模型，下面使用 model_selection.cross_val_score 函数。

使用分层 k 折交叉验证训练模型 clf 的 10 种变体。请注意，默认情况下，scikit-learn 的 cross_val_score 会自动执行此类验证。运行如代码段 2-14 所示的单元格。

```
from sklearn.model_selection import cross_val_score
np.random.seed(1)
scores =cross_val_score(
    estimator=clf,
    X=X,
    cv=10)
print('accuracy ={:.3f} +/-{:.3f}'.format(scores.mean(), scores.
```

```
    std()))
>>accuracy = 0.923 + /- 0.005
```

代码段 2-14　使用交叉验证方法

请注意如何使用 np.random.seed 为随机数生成器设置种子,从而确保随机森林中的每个折叠和决策树的随机选择样本的可重复性。

(5)使用此方法可以计算准确率,以此作为每一折平均值的精度;还可以通过打印分数查看每一折的准确度。运行 print(scores)可得到相应结果。

```
>>array([ 0.93404397, 0.91533333, 0.92266667, 0.91866667,0.92133333, 0.92866667,
       0.91933333, 0.92 , 0.92795197, 0.92128085])
```

使用 cross_val_score 会非常方便,但它没有告诉我们每个类的准确度,因此可以使用 model_selection.StratifiedKFold 类手动执行此操作,这个类将折叠数作为初始化参数,然后使用 split 方法为数据构建随机采样的"标记"(masks)。标记是一个包含另一个数组中的项目索引的数组,可以通过执行 data[mask]命令返回项目。

(6)运行包含以下代码的单元格,定义一个类,用于计算 k 折交叉验证类的准确度。

```
from sklearn.model_selection import StratifiedKFold
...
    print('fold: {:d} accuracy: {:s}'.format(k+1, str(class_acc)))
return class_accuracy
```

(7)使用与步骤(4)非常相似的代码计算类准确度,通过运行包含以下代码的单元格执行此操作。

```
from sklearn.model_selection import cross_val_score
np.random.seed(1)
...
>>fold: 10 accuracy: [ 0.98861646 0.70588235]
>>accuracy =[ 0.98722476 0.71715647] + /-[ 0.00330026 0.02326823]
```

现在可以看到每个折的类准确度了,而且十分整洁。

(8)下面继续展示如何使用 model_selection.validation_curve 计算验证曲线。该函数使用分层 k 折交叉验证训练给定参数的各种值的模型。

运行如代码段 2-15 所示的代码,通过在一系列 max_depth 值上训练随机森林完成绘制验证曲线所需的计算。

```
from sklearn.model_selection import validation_curve
    clf =RandomForestClassifier(n_estimators=10)
    max_depths =np.arange(3, 16, 3)
    train_scores, test_scores =validation_curve(
```

```
estimator=clf,
X=X,
y=y,
param_name='max_depth',
param_range=max_depths,
cv=10);
```

代码段 2-15 对随机森林的训练

上述代码将返回具有每个模型的交叉验证分数的数组,其中模型具有不同的最大深度。为了可视化结果,我们将利用 scikit-learn 中提供的一个函数。

(9)运行定义了 plot_validation_curve 的单元格,然后运行包含以下代码的单元格以绘图,结果如图 2-47 所示。

```
plot_validation_curve(train_scores, test_scores, max_depths,
    xlabel='max_depth')
```

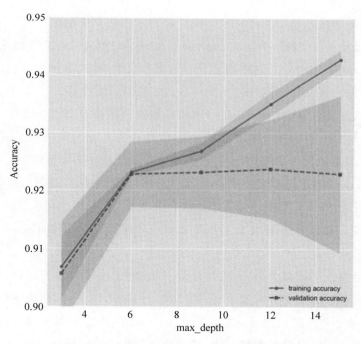

图 2-47 使用 plot_validation_curve 完成绘图

回想一下如何设置决策树的最大深度以限制"过拟合"数量,这一点能反映在验证曲线中,即"过拟合"发生在图 2-47 右侧 max_depth 取值较大的部分。max_depth=6 是一个较好的取值,从图 2-47 中可见,当 max_depth 取值为 6 时,训练准确度曲线和验证准确度曲线交会在一起。当 max_depth 取值为 3 时,可以看到模型"欠拟合"数据,这是因为训练准确度和验证准确度都比较低。

总而言之，我们已经学习并实现了两种用于构建可靠预测模型的重要技术。第一种技术是 k 折交叉验证，它用于将数据分成各种训练/测试批次，并产生精度值。从这个集合中，我们可以计算平均精度和标准偏差，将其作为对误差的度量，这对衡量模型的可变性来说非常重要，它使得模型可以产生值得信赖的准确度。

为确保可靠的结果，我们还学习了另一种被称为验证曲线（validation curve）的技术，它允许我们通过比较训练准确度和验证准确度可视化模型的"过拟合"程度，并通过在选择的超参数范围内绘制曲线确定参数的最佳值。

本章的最后一节会将迄今为止所学到的内容整合在一起，以便为员工去留问题构建最终的预测模型。与目前训练的模型相比，预测模型通过包含数据集的所有特征设法提高模型的预测精度。我们也将看到截至目前已经介绍过的一些方法，如 k 折交叉验证和验证曲线。

2.2.3　降维技术

简单地说，降维技术是指利用一些有趣奇妙的方法从训练数据中去除一些不重要的特征，例如**主成分分析**（**Principal Component Analysis，PCA**）和**线性判别分析**（**Linear Discriminant Analysis，LDA**）。这些技术允许数据被压缩，即从来自大量特征的信息中抽取出少数最重要的特征，并通过它们完成对原始信息的压缩编码。

本节将重点介绍（主成分分析）技术，该技术通过将数据投影到正交"主成分"的新子空间转换数据。其中，具有最高特征值的压缩信息被用来编码训练模型的大部分信息。然后，我们可以简单地选择这样的一些"主成分"代替原始的高维数据集。例如，PCA 可用于编码图像中每个像素的信息。在图像编码领域，原始特征空间的尺寸等于图像中的像素数。可以使用 PCA 降维技术减少高维空间的维度，其中用于训练预测模型的大多数有用信息可减少到几个维度，这不仅可以节省训练和使用模型的时间，还可以通过消除数据集中的噪声提高性能。

与我们已经学到的模型类似，这里只是为了体会 PCA 所带来的好处，没必要详细了解 PCA 的理论，但还是有必要大致了解一下 PCA 的技术细节，以便能够更好地理解它。PCA 的关键是基于相关性识别特征之间的模式，因此 PCA 算法需要计算协方差矩阵，将其协方差矩阵分解为特征向量和特征值，然后使用这些向量将数据变换到新的子空间，以便从该子空间选择主成分数。

2.2.4 节将展示一个示例，以说明如何使用 PCA 改进员工去留问题的随机森林模型。这一步将在完整特征空间上训练分类模型之后完成，以了解数据准确度是否会受到数据降维的影响。

2.2.4　训练员工去留问题的预测模型

我们已经花费了大量精力规划机器学习的策略,预处理数据,为员工去留问题构建预测模型。回想一下,我们的业务目标是帮助客户阻止员工的离职。我们的策略是建立一个可以预测员工离职概率的分类模型。通过这种方式,公司可以评估当前员工离职的可能性,并采取措施防止这种情况的发生。

根据我们的策略,预测建模的类型可总结如下:

- 标记训练数据的监督学习;
- 两类标签的分类问题(二元分类)。

特别地,我们正在根据一组连续的特征训练模型确定一名员工是否会离开公司。2.1.3 节已经为机器学习算法准备好了训练数据,我们只用两个特征实现支持向量机(SVM)、k 最近邻算法(kNN)和随机森林(Random Forest)算法,这些模型能够以超过90%的总体准确度进行预测。然而,当考虑具体类的准确度时,发现对离职员工(其类标签 class-level 为"1")的预测准确率只有 70%~80%。下面看看若利用完整的数据特征空间训练模型,准确率可以提高多少。

(1) 在随书提供的 chapter-2-workbook.ipynb notebook 中向下滚动到此部分的代码。我们应该已经从前面的部分加载了预处理数据,但如果需要,可以通过执行 df = pd.read_csv('./data/hr-analytics/hr_data_processed.csv')命令再次完成此数据的加载操作,然后使用 print(df.columns)命令打印 DataFrame 列。

(2) 通过将 df.columns 的输出复制并粘贴到新列表中定义所有特征的列表(确保删除目标变量),然后定义 x 和 y,具体如下。

```
features =['satisfaction_level', 'last_evaluation', 'number_project',
'average_montly_hours', 'time_spend_company', 'work_accident',
   ...
   x =df[features].values
   y =df.left.values
```

观察一下特征的名称,调用每个特征的值。向上滚动到在第一个练习中创建的直方图集。前两个特征是连续的;这些是我们在前两个练习中用于训练模型的内容。之后,我们得到了一些离散的特征,例如 number_project 和 time_spend_company,后面还有一些二元的字段,例如 work_accident 和 promotion_last_5years。我们还有一些二元特征,例如 department_IT 和 department_accounting,它们采用独热编码(One-Hot)表示。

针对这样的特征组合,随机森林是一个非常有吸引力的典型模型。首先,它们与由连续和分类数据组成的特征集兼容,但这并不是最特别的,其他的,例如 SVM,也可以在混合特征类型上进行训练(给定适当的预处理)。

> ⓘ 如果对在混合类型[①]输入特征上训练支持向量机（SVM）或 k 最近邻（kNN）分类器感兴趣，可从如下 Stack Exchange[②] 上找到有关 data-scaling 描述的答案：https：//stats. stackexchange.com/questions/82923/mixing-continuous-and-binary-datawith-linear-svm/83086 ♯83086。

一种简单的数据预处理方法如下：

- 标准化连续变量；
- 对离散的分类特征采用独热编码（One-Hot）表示；
- 将二元值转换为−1 和 1（而不是 0 和 1）；
- 混合特征数据，用于训练各种分类模型。

（3）下面需要找到随机森林模型的最佳参数。首先使用验证曲线调整 max_depth 超参数，通过运行代码段 2-16 中的代码计算训练和验证的准确度。

```
%%time
np.random.seed(1)
clf =RandomForestClassifier(n_estimators=20)
max_depths =[3, 4, 5, 6, 7,
9, 12, 15, 18, 21]
train_scores, test_scores =validation_curve(
estimator=clf,
    X=X,
    y=y,
param_name,='max_depth',
param_range=max_depths,
cv=5);
```

代码段 2-16   计算训练和验证的准确度

我们正在用 k 折交叉验证测试 10 个模型。通过设置 $k=5$，对每个模型产生 5 个精度估计，从中提取平均值（mean）和标准偏差（standard deviation），并在验证曲线中绘制。总共训练 50 个模型，并且由于 n_eatimators 设置为 20，所以共训练了 1000 个决策树，全部过程可以在 10 秒内完成。

（4）使用上一次练习中的自定义 plot_validation_curve 函数绘制验证曲线。运行以下代码，结果如图 2-48 所示。

```
plot_validation_curve(train_scores, test_scores,
    max_depths, xlabel='max_depth');
```

---

① 译者注：即连续值和二进制值。
② 译者注：Stack Exchange 是一系列的问答网站，每一个网站包含不同领域的问题。

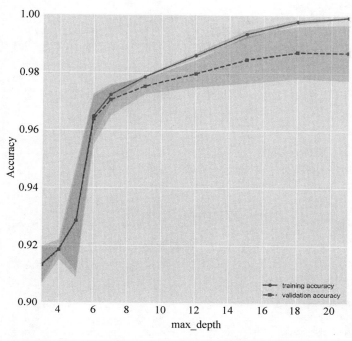

图 2-48　通过 plot_validation_curve 函数绘制验证曲线

对于小的 max depth 取值，可以看到模型"欠拟合"数据。通过加大决策树的深度，并在数据中编码更复杂的模式，精度会显著增加。随着 max depth 值的进一步增加，精度会接近 100%，则该模型"过拟合"数据，导致训练精度（training accuracy）和验证精度（validation accuracy）两条线分开。基于图 2-48，我们为模型设置 max_depth 值为 6 是比较合适的。

我们也应该为 n_estimators 做同样的工作，但为了节省时间，我们会跳过它[①]。您可以绘制它，会发现针对大范围的数据值，训练集和验证集之间的精度曲线能在某点汇合。通常，最好在随机森林中使用更多的决策树估算器 n_estimators，但这是以增加训练时间为代价的。我们将使用 200 个估算器训练模型。

（5）使用之前通过类函数创建的 k-fold 交叉验证值 cross_val_class_score 测试所选模型，对于随机森林模型，参数取值为 max_depth＝6，n_estimators＝200。

```
np.random.seed(1)
clf =RandomForestClassifier(n_estimators=200, max_depth=6)
    scores =cross_val_class_score(clf, X, y)
    print('accuracy ={} +/-{}'\ .format(scores.mean(axis=0)),
```

①　译者注：n_estimators 是学习器的最大迭代次数。n_estimators 太小则容易欠拟合，n_estimators 太大则计算量过大，一般选择一个适中的数值。

```
    scores.std(axis=0)))
>>accuracy =[ 0.99553722 0.85577359] +/-[ 0.00172575 0.02614334]
```

与之前只有两个连续特征的情况相比,由于这里使用的是完整的特征集,因此精度要高得多。

（6）通过运行代码段 2-17 中的代码,用一个盒图可视化精度,结果如图 2-49 所示。

```
fig =plt.figure(figsize=(5, 7))
sns.boxplot(data=pd.DataFrame(scores, columns=[0, 1]),
palette=sns.color_palette('Set1'))
plt.xlabel('Left')
plt.ylabel('Accuracy')
```

代码段 2-17   可视化数据的精度

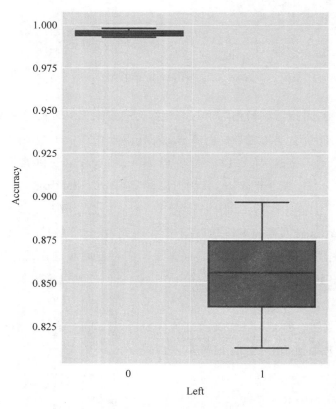

图 2-49   用盒图可视化精度

随机森林模型可以提供关于特征性能的估计。

> ℹ️ scikit-learn 中特征重要性的计算是考虑了节点不纯度的测度变化而计算的。更详
> 细的说明请查看以下 Stack Overflow 关于如何在随机森林分类器中确定特征重要性的
> 说明：https：//stackoverflow.com/questions/15810339/how-are-feature-importances-in-
> randomforestclassifier-determined。

（7）运行代码段 2-18 中的代码，通过存储的 feature_importances_ 属性绘制特征重要
性分布图，如图 2-50 所示。

```
pd.Series(clf.feature_importances_, name='Feature importance',
    index=df[features].columns) \
    .sort_values() \
    .plot.barh()
plt.xlabel('Feature importance')
```

代码段 2-18　绘制特征重要性分布图

从图 2-50 中可见，我们并没有从独热编码的变量 department 和 salary 中得到多少
有用的数据。此外，promotion_last_5years 和 work_accident 特征似乎也并不是十分
有用。

下面使用主成分分析（PCA）将所有弱特征压缩成几个主要组件。

（8）运行代码段 2-19 中的代码，从 scikit-learn 导入 PCA 类并转换特征。

```
from sklearn.decomposition import PCA
pca_features = \
...
pca = PCA(n_components=3)
X_pca = pca.fit_transform(X_reduce)
```

代码段 2-19　特征转换

（9）通过单独输入并执行单元格查看 X_pca 的字符串表示。

```
>>array([[-0.67733089, 0.75837169, -0.10493685],
>>[ 0.73616575, 0.77155888, -0.11046422],
>>[ 0.73616575, 0.77155888, -0.11046422],
>>...
>>[-0.67157059, -0.3337546 , 0.70975452],
>>[-0.67157059, -0.3337546 , 0.70975452],
>>[-0.67157059, -0.3337546 , 0.70975452]])
```

由于只需要前 3 个特征组件[①]，因此得到 3 个返回向量。

---

① 译者注：参见上面给出的代码 PCA(n_components=3)。

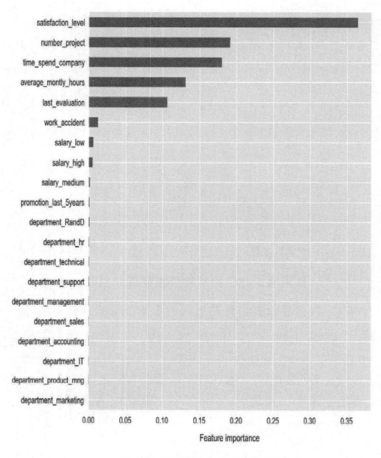

图 2-50　特征重要性分布图

（10）运行以下代码，将新特征添加到 DataFrame 中。

```
df['first_principle_component'] =X_pca.T[0]
df['second_principle_component'] =X_pca.T[1]
df['third_principle_component'] =X_pca.T[2]
```

运行以下代码，选择缩减维度后的特征集以训练新的随机森林模型。

```
features =['satisfaction_level', 'number_project', 'time_spend_company', 'average_
         montly_hours', 'last_evaluation', 'first_principle_component', 'second_
         principle_component', 'third_principle_component']
X =df[features].values
y =df.left.values
```

（11）使用 k 折交叉验证评估新模型的准确度，可以通过运行与以前相同的代码完成，其中 X 指向不同的特征，代码如下。

```
np.random.seed(1)
clf =RandomForestClassifier(n_estimators=200, max_depth=6)
scores =cross_val_class_score(clf, X, y)
print('accuracy ={} +/-{}'\.format(scores.mean(axis=0),
scores.std(axis=0)))
>>accuracy =[ 0.99562463 0.90618594] +/-[ 0.00166047 0.01363927]
```

(12) 使用盒图,通过与以前相同的方式展示结果,如图 2-51 所示,代码如下。

```
fig =plt.figure(figsize=(5, 7))
sns.boxplot(data=pd.DataFrame(scores, columns=[0, 1]),
palette=sns.color_palette('Set1'))
plt.xlabel('Left')
plt.ylabel('Accuracy')
```

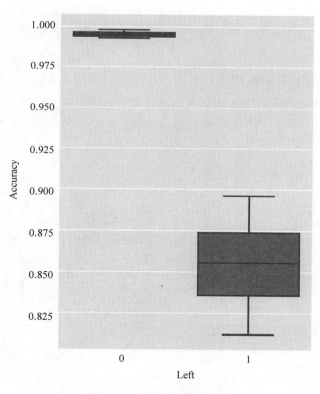

图 2-51   使用盒图展示结果

将其与之前的结果进行比较,发现类别"1"的准确度有所提高。现在,大多数验证集的准确度均大于 90%,平均精度为 90.6%,而降维前的平均精度为 85.6%。

选择这个模型作为最终的预测模型,在投入使用前,需要在整个样本空间上重新训练该模型。

（13）通过运行以下代码训练最终的预测模型。

```
np.random.seed(1)
clf =RandomForestClassifier(n_estimators=200, max_depth=6)
clf.fit(X, y)
```

（14）运行以下代码，使用 externals.joblib.dump 将训练过的模型保存到二进制文件中。

```
from sklearn.externals import joblib
joblib.dump(clf, 'random-forest-trained.pkl')
```

（15）检查模型是否已保存到工作目录，例如执行! ls ＊ .pkl命令。通过运行以下代码测试是否可以从文件中加载模型。

```
clf =joblib.load('random-forest-trained.pkl')
```

恭喜！我们成功地训练了最终的预测模型！下面展示一个如何使用该模型为客户提供业务判断与见解的示例。

假设有一位特定的员工叫作 Sandra，管理层已经注意到她在努力工作，但在最近的调查报告中，她对工作的满意度较低，所以管理层想知道她离职的可能性。

简单起见，让我们将 Sandra 的特征值作为训练集中的样本（假设这是不可见的数据）。

（16）通过运行以下代码列出 Sandra 的特征值。

```
sandra =df.iloc[573]
X =sandra[features]
X
>>satisfaction_level 0.360000
>>number_project 2.000000
>>time_spend_company 3.000000
>>average_montly_hours 148.000000
>>last_evaluation 0.470000
>>first_principle_component 0.742801
>>second_principle_component - 0.514568
>>third_principle_component - 0.677421
```

下一步是询问构建的模型，看看模型认为 Sandra 应该在哪个类别中。

（17）通过运行以下代码预测 Sandra 的类标签。

```
clf.predict([X])
>>array([1])
```

该模型将 Sandra 归类为"离开公司"，这不是一个好兆头，我们可以进一步地计算每个类标签的概率。

（18）运行以下代码，使用 clf.predict_proba 测度，通过模型预测 Sandra 离职的概率。

```
clf.predict_proba([X])
>>array([[ 0.06576239, 0.93423761]])
```

可以看到，该模型预测 Sandra 有 93% 的可能性会离职，这对于管理层来说是一个危险信号，于是管理层决定将 Sandra 每月的工时数减少到 100 小时，在公司的时间减少到 1 小时。

（19）公司已经对 Sandra 实行了新的规定，下面运行以下代码，使用 Sandra 的新指标重新预测其离职的概率。

```
X.average_montly_hpurs =100
X.time_spend_company =1
clf.predict_probda([X])
>>array([[0.61070329,0.38929671]])
```

非常好！现在可以看到该模型返回的离职概率仅是 38%！模型预测 Sandra 应该不会离开公司了。

可见，我们的模型使管理层能够做出基于数据驱动的决策。该模型告诉管理层，当将 Sandra 在公司的时间减少到一个特定的数值后，Sandra 很可能会留在公司。

2.3　本章小结

在本章中，我们已经了解了如何在 Jupyter Notebook 中训练预测模型。

首先，本章讨论了如何规划机器学习策略，还介绍了如何设计一个可以产生"可操作的业务见解"的计划，并强调了使用数据帮助设定现实业务目标的重要性；同时，本章还解释了一些机器学习方面的术语，如监督学习、无监督学习、分类和回归。

其次，本章讨论了基于 scikit-learn 和 Pandas 的预处理数据方法，包括冗长的讨论和在机器学习中很耗时的处理缺失数据的例子。

本章的后半部分为二元问题训练了预测分类模型，比较了如何为各种模型（如支持向量机，k 最近邻，随机森林）绘制决策边界；然后展示了验证曲线如何帮助我们做出较好的参数选择，以及降维是如何提高模型性能的；最后，在员工去留问题的实例结束时，探讨了模型如何在实际问题中制定基于数据驱动的决策。

第 3 章

网页信息采集和交互式可视化

到目前为止,本书专注于使用 Jupyter 构建可重现的数据分析管道和预测模型。我们将在本章中继续探讨这些主题,但本章主要关注的是数据采集。本章将展示如何使用 HTTP 请求从网页中获取数据,这些内容涉及通过请求和解析 HTML 采集网页信息。本章将使用交互式可视化技术研究采集到的数据。

网络在线数据非常庞大且相对容易获取,并且其也在不断成长和发展中,网络在线数据变得越来越重要。网络在线数据持续增长的部分原因是全球性的报纸、杂志和电视等传统信息向网络在线内容的持续转变。如今,人们通过手机、实时在线新闻来源(如 Facebook、Reddit、Twitter 和 YouTube 等)获取个性化定制的新闻是可行的,可以想象,经过这种历史转变后的网络在线数据会越来越多。令人惊讶的是,这仅仅是网络中大量增量数据中的一部分。

随着全球转向使用 HTTP 服务(博客、新闻网站、Netflix 等),我们会有更多的机会使用数据驱动分析。例如,Netflix 会查看用户观看的电影并预测他们喜欢什么,而此预测将会决定为用户显示的推荐电影。但是,本章不会关注面向业务的数据;相反,我们将会看到如何利用客户端将互联网中的数据作为数据库。在以前,我们从未能如此容易地访问这种数量庞大且类型丰富的数据。本章将使用网络采集技术收集网络数据,然后在 Jupyter 中使用交互式可视化技术探索这些数据。

交互式可视化是一种可视化的数据表示形式,可以帮助使用者使用图形或图表理解数据,还可以帮助开发人员或分析人员以简单的形式呈现数据,同时也让非技术人员可以更容易地理解数据。

本章结束时,您将能够:

- 分析 HTTP 请求的工作方式;
- 从网页中采集表格数据(tabular data);
- 构建和转换 Pandas Data Frame;
- 创建交互式可视化。

3.1　采集网页信息

本着将互联网作为数据库的初衷,可以通过采集网页的内容或使用网页 API^① 接口从网页中获取数据。一般来说,采集网页中的内容意味着能够得到以人类可读格式呈现的数据,而网页 API 接口以机器可读的格式传递数据,最常见的是 JSON 格式的数据。

本章将重点讨论网页信息的采集,采集的确切过程取决于要采集的页面和所需采集的内容,但是只要理解了最底层的概念和工具,就可以很容易地从 HTML 页面中获取需要的信息了。本节将使用 Wikipedia 作为示例,并从其中一篇文章中提取表格内容;然后将使用类似的方法从完全独立的领域中提取数据。首先,本章要花费一些时间介绍 HTTP 请求。

3.1.1　HTTP 请求简介

HTTP 的全称是 Hypertext Transfer Protocol^②,是互联网数据通信的基础,它定义了页面如何被获取以及响应请求的方式。例如,客户可以请求 Amazon 出售笔记本电脑的页面,通过 Google 搜索当地餐厅或者浏览 Facebook。除了 URL 之外,request 请求还在 **request header**^③ 中包含用户代理(user agent)和可用的浏览 cookie。用户代理会告诉服务器用户正在使用哪种浏览器和设备,通常用于提供对用户最友好的网页相应版本的响应。如果用户最近登录过该网页,那么此类信息将被存储在一个 cookie 中,以便用户再次访问该网页时实现自动登录。

可以通过 Web 浏览器了解 HTTP 请求和响应的详细信息。幸运的是,在使用 Python 等高级语言进行请求时也是如此。出于许多原因,request 请求头(request header)的内容基本上可以忽略。

除非有特别的说明,否则在请求 URL 时会自动在 Python 中生成这些内容。但是,为了排除故障和理解针对用户请求而产生的响应,对 HTTP 有基本的了解是很重要的。

HTTP 请求的方法有许多类型,例如 GET、HEAD、POST 和 PUT,前两个用于请求将数据从服务器发送到客户端,后两个用于从客户端将数据发送到服务器。

HTTP 方法的总结如表 3-1 所示。

---

① 　译者注:Web API 是网络应用程序接口,包含许多功能,通过 API 接口,网络应用可以具备存储服务、消息服务、计算服务等能力。在信息采集中,往往可以通过调用 API 直接获取数据。

② 　译者注:超文本传输协议。

③ 　译者注:请求头(request header)包含许多相关的客户端环境和请求正文的有用信息,例如可以声明浏览器所用的语言、请求正文的长度等。

表 3-1　HTTP 方法

HTTP 请求方式	相　关　描　述
GET	从指定的 URL 中获取信息
HEAD	从指定 URL 的 HTTP 请求头中获取元信息[①]
POST	发送附加信息,添加信息到指定 URL 的资源
PUT	发送附加信息,替换信息到指定 URL 的资源

　　每当在浏览器中输入网页的 URL 并按 Enter 键时,都会向服务器发送 GET 请求。对于网页信息的获取,这通常是我们最感兴趣的 HTTP 方法,也是本章使用的唯一方法。

　　一旦请求被发送,服务器就会返回各种响应数据,这些响应数据被 100～500 的数字代码标记,代码中的第一个数字表示响应类别,这些标记的描述如下。

- **1xx**:信息响应,例如服务器正在处理一个请求,这种情况很少见。
- **2xx**:成功响应,例如成功加载页面。
- **3xx**:重定位响应,例如请求的资源已被移动,我们被重定向到一个新的 URL。
- **4xx**:返回客户端的错误响应,例如请求的资源不存在。
- **5xx**:返回服务器的错误响应,例如网站服务器接收了太多的流量,无法满足请求。

　　对于网页采集,通常只关心 response 响应类,即响应代码的第一个数字。但是,每个类中都有相应的子类别,它们可以提供更详细的内容。例如,401 代码表示未授权(unauthorized)响应,404 代码表示未找到页面(page not found)响应。

　　这个区别值得注意,因为 404 表示请求的页面不存在,而 401 表示需要登录后才能查看特定资源。

　　下面看看如何在 Python 中完成 HTTP 请求,并使用 Jupyter Notebook 实现相应的内容。

3.1.2　在 Jupyter Notebook 中实现 HTTP 请求

　　3.1.1 节讨论了 HTTP 请求是如何工作的,以及需要哪种类型的响应,现在看看如何在 Python 中实现 HTTP 请求。这里将使用一个名为 Requests 的库[②],它是 Python 中下载量最多的外部库。可以使用 Python 的内置工具(如 urllib)进行 HTTP 请求,但是使用 Requests 要直观得多,而且 Python 官方文档也建议使用 Request。

---

①　译者注:HTML 头元素包含关于文档的概要信息,也称元信息(meta-information)。meta 意为"关于某方面的信息",是关于数据的信息,而元信息是关于信息的信息。引自:https://baike.baidu.com/item/HTM％E5％A4％B4％E5％85％83％E7％B4％A0/170089。

②　译者注:Requests 是 Python 实现的简单易用的 HTTP 库,使用前需要使用 pip 等工具完成安装。

Request 是一个简单高效的网页请求方法，它允许对 header、cookie 和 authorization① 进行各种自定义设置，还能跟踪重定向（redirect），并提供返回特定内容（如 JSON）的方法。此外，Request 还有一系列便捷高效的功能，但是它不能呈现 JavaScript 的渲染。

下面将在 Jupyter Notebook 中使用 Python 的 Request 库进行相应的处理。

> ℹ️ 通常，服务器返回包含 JavaScript 代码片段的 HTML，这些代码片段在加载时会自动在浏览器中运行。当使用 Python 的 Requests 模块进行请求时，相应的 JavaScript 代码是可见的，但它不会运行。因此，通过运行此 JavaScript 代码而出现的页面元素将会丢失。通常这不会影响获取所需信息，但在某些情况下，可能需要获取运行相应 JavaScript 后的页面元素以正确获取所需的页面信息。为了解决这个问题，可以使用 Selenium 库，它具有与 Requests 库类似的 API，但支持使用 Web 驱动程序和呈现 JavaScript 渲染后的页面效果。

在 Jupyter Notebook 中使用 Python 处理 HTTP 请求的方法如下。

（1）运行 Jupyter Notebook，在项目目录中启动 Notebook 的 App。找到 chapter 3 目录并打开 chapter-3-workbook.ipynb 文件。运行靠近顶部用来加载各种包的单元格。

我们将请求一个网页，然后查看响应对象。Python 有很多用来发送 request 请求的库，而且每个库也明确地说明了使用方法，我们可以根据相关文档说明进行多种选择。但是在这里，我们只使用 Requests 库，因为它提供了详细的说明文档、高级的特性和简单的 API。

（2）向下滚动到副标题为 Subtopic A：Introduction to HTTP requests 的部分，在该部分运行第一个单元格以导入 Requests 库，然后运行包含以下代码的单元格，准备实现一个 HTTP 请求。

```
url = 'https://jupyter.org/'
req = requests.Request('GET', url)
req.headers['User-Agent'] = 'Mozilla/5.0'
req = req.prepare()
```

使用 Request class 类库准备一个请求 jupyter.org 主页的 GET 请求。将用户代理指定为 Mozilla/5.0，这样将会得到一个适合桌面标准浏览器的响应。最后，准备发出 request 请求。

（3）通过运行包含 req? 的单元格打印文档字符串 **Prepared Request**，如图 3-1 所示。

---

① 译者注：authorization（用户凭证）为 Web 应用程序配置授权，根据用户提供的身份凭证生成权限实体，并为之授予相应的权限。

```
In [83]:  req?
```

```
Type:          PreparedRequest
String form: <PreparedRequest [GET]>
File:          ~/anaconda/lib/python3.5/site-packages/requests/models.py
Docstring:
The fully mutable :class:`PreparedRequest <PreparedRequest>` object,
containing the exact bytes that will be sent to the server.

Generated from either a :class:`Request <Request>` object or manually.

Usage::

  >>> import requests
  >>> req = requests.Request('GET', 'http://httpbin.org/get')
  >>> r = req.prepare()
  <PreparedRequest [GET]>

  >>> s = requests.Session()
  >>> s.send(r)
  <Response [200]>
```

图 3-1   PreparedRequest 文档

通过查看其用法，可以看到如何使用 session 发送请求，类似于打开 Web 浏览器启动一个 session，然后请求 URL。

（4）通过运行以下代码发出 request 请求，并将响应结果存储在名为 page 的变量中。

```
with requests.Session() as sess:
page =sess.send(req)
```

这段代码返回由 page 变量存储的 HTTP 响应。通过使用 with 语句初始化了一个 session，其作用域仅限于缩进的代码块，这意味着我们不必刻意关注是否关闭了 session，因为它是自动关闭的。

（5）在 Notebook 中运行下面两个单元格以查看响应结果。页面的字符串表示响应状态码为 200 时的页面响应结果，这与 status_code 的属性是一致的。

（6）将响应的文本保存到 page_html 变量中，并使用 page_html[：1000]查看结果列表的前 1000 个元素，如图 3-2 所示。

```
page_html = page.text

page_html[:1000]

'<!DOCTYPE html>\n<html>\n\n  <head>\n\n    <meta charset="utf-8">\n    <meta http-equiv="X-U
A-Compatible" content="IE=edge">\n    <meta name="viewport" content="width=device-width, init
ial-scale=1">\n    <meta name="description" content="">\n    <meta name="author" content="">\
n\n    <title>Project Jupyter | Home</title>\n    <meta property="og:title" content="Project
Jupyter" />\n    <meta property="og:description" content="The Jupyter Notebook is a web-based
interactive computing platform. The notebook combines live code, equations, narrative text, v
isualizations, interactive dashboards and other media.\n">\n    <meta property="og:url" conte
nt="http://www.jupyter.org" />\n    <meta property="og:image" content="http://jupyter.org/ass
ets/homepage.png" />\n    <!-- Bootstrap Core CSS -->\n    <script src="/cdn-cgi/apps/head/Mu
II14I_IVFkxldaVulmdWee9as.js"></script><link rel="stylesheet" href="/css/bootstrap.min.css">\
n    <link rel="stylesheet" href="/css/logo-nav.css">\n    <link rel="stylesheet" href="/c'
```

图 3-2   响应结果

正如我们所料,响应结果是 HTML 语句,可以在 BeautifulSoup 的帮助下以易于理解的形式格式化这个结果,这个 BeautifulSoup 库将在本节后面广泛用于解析 HTML 页面。

(7) 运行以下单元格,打印处理后的 HTML 结果。

```
from bs4 import BeautifulSoup
print(BeautifulSoup(page_html, 'html.parser').prettify()[:1000])
```

首先导入 BeautifulSoup 库,然后使用其 prettify() 函数将结果标准化并打印,其中换行符会根据 HTML 结构中的层次结构自动缩进。

(8) 通过使用 IPython display 模块,我们可以在 Jupyter 中进一步显示 HTML 的内容,运行以下代码,结果如图 3-3 所示。

```
from IPython.display import HTML
HTML(page_html)
```

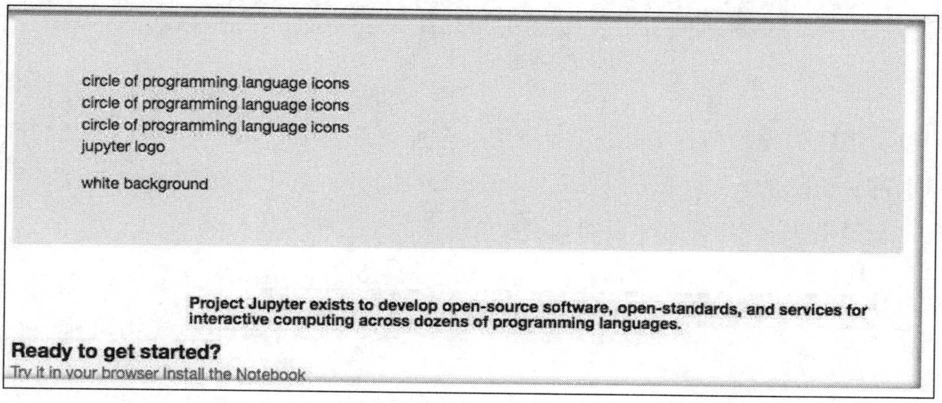

图 3-3　IPython 模块处理后的 HTML

由于没有 JavaScript 的渲染和加载外部资源,我们只看到了当前的 HTML 呈现的页面内容,例如 jupyter.org 服务器上的图像没有呈现渲染,只能看到 **circle of programming icons**、jupyter logo 等。

(9) 与在线加载的网站进行比较,后者可以通过使用 IFrame 在 Jupyter 中打开。运行以下代码,结果如图 3-4 所示。

```
from IPython.display import IFrame
IFrame(src=url, height=800, width=800)
```

在这里,我们看到了经过 JavaScript 渲染和加载外部资源之后呈现的页面,甚至可以像浏览普通的请求网页一样单击超链接并将这些页面加载到 IFrame 中。

(10) 在使用后关闭 IFrame 是一个很好的做法,这样做可以防止 IFrame 占用内存和

处理器。可以通过选择单元格或从 Jupyter Notebook 的 **Cell** 单元格菜单中单击 **Current Output | Clear** 关闭 IFrame。

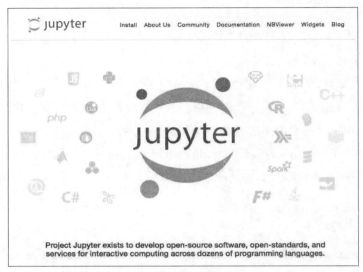

图 3-4　IFrame 加载后的页面

回想一下我们是如何在 Python 中使用一个准备好的 request 和 session 以字符串的形式请求网页信息的,这通常可以使用 shorthand 法代替,这个方法的缺点是没有尽可能多的自定义请求头,但这通常也是可以接受的。

(11) 通过运行以下代码向 http://www.python.org/ 发出请求。

```
url = 'http://www.python.org/'
page = requests.get(url)
page
<Response [200]>
```

页面的字符串显示(如单元格下方所示)为 200 的状态码,表示响应成功。

(12) 运行下面两个单元格,打印页面的 url 和 history 属性。

可以看到,返回的 URL 不是我们输入的,看到区别了吗? 我们输入的 URL http://www.python.org/ 被重定向到了该页面的安全版本 https://www.python.org/。那么它们的区别是什么呢? 在协议中,URL 的开头有一个附加的 s,任何重定向都存储在 history 属性中。本例中有一个状态码为 301(永久重定向)的页面,它与请求的原始 URL 对应。

现在,我们已经学会了发出 HTTP 请求的方法,接下来把注意力转向解析 HTML,通常有多种方法可以实现 HTML 的解析,而好的方法通常取决于特定 HTML 的细节。

3.1.3　在 Jupyter Notebook 中解析 HTML

当采集网页页面数据时,在发出请求之后,必须从响应内容中抽取数据。如果内容是 HTML,那么最简单的方法就是使用高级解析库,如 BeautifulSoup,这并不是唯一的方法。原则上,可以使用正则表达式或 Python 处理字符串的方法(如 split)挑选数据。但是,这两种方法都效率低下,并且很容易导致错误,因此通常不使用这两个方法。建议使用可靠的解析工具对 HTML 页面进行解析。

为了理解如何从 HTML 中提取内容,了解 HTML 的基本知识非常重要。首先,HTML 代表**超文本标记语言**(**Hyper Text Markup Language**),和 Markdown 或 **XML**(**可扩展标记语言,eXtensible Markup Language**)一样,它只是一种用于标记文本的语言。

在 HTML 中,显示文本包含在 HTML 元素的内容部分(content section),其中元素的属性指定了该元素在页面上的显示方式,HTML 的结构图如图 3-5 所示。

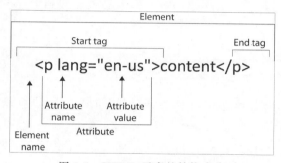

图 3-5　HTML 元素的结构成分

可以看到包含在开始标签(start tag)和结束标签(end tag)之间的内容。在本例中,段落的标签为<p>,其他常见的标签类型有<div>(文本块)、<table>(数据表)、<h1>(标题)、<img>(图像)和<a>(超链接)。标签具有属性,这些属性可以保存重要的元数据[①]。最常见的是,一些元数据用于指定元素文本应该如何显示在页面上,这就是 CSS[②] 文件发挥作用的地方。这些属性还可以存储其他有用的信息,例如<a>标签中的超链接 href 指定了一个 URL 链接,或者<img>标签中的具有可替代属性的 alt,alt 指定了在无法加载图像资源时显示的文本。

现在,让我们回到 Jupyter Notebook 中并解析一些 HTML。虽然本节讲解的 HTML 基础知识不是必要的,但是在 Chrome 或 Firefox 中使用开发人员工具找出所需

---

① 译者注:元数据(metadata)又称中介数据、中继数据,是指描述数据的数据(data about data),主要描述数据属性(property)的信息,用来支持如指示存储位置、历史数据、资源查找、文件记录等功能。引自:https://baike.baidu.com/item/%E5%85%83%E6%95%B0%E6%8D%AE?fromtitle=metadata&fromid=8567615。

② 译者注:CSS 即层叠样式表(Cascading Style Sheets),用来表现 HTML 或 XML 等文件样式。

的 HTML 元素是非常有用的。下面介绍如何在 Jupyter Notebook 中使用 Python 解析 HTML。

在 Jupyter Notebook 中使用 Python 解析 HTML 的方法如下。

（1）在提供的 chapter-3-workbook.ipynb 文件中滚动到标题为 Subtopic B：Parsing HTML with Python 的部分。

这次将采集由维基百科报道的每个国家的央行利率。在深入研究代码之前，让我们先打开包含此数据的 Web 页面。

（2）在 Web 浏览器中打开链接 https：//en.wikipedia.org/wiki/list_of_countries_by _central_bank_interest _rates。如果可能，请尽量使用 Chrome 浏览器进行访问。本节的末尾将展示如何使用 Chrome 的开发工具查看和搜索 HTML。

观察这个页面，能看到的内容非常少，只有许多国家和其央行利率，这就是我们要采集的数据。

（3）返回 Jupyter Notebook，将 HTML 作为对象加载到 BeautifulSoup 中以便于解析，请运行以下代码。

```
from bs4 import BeautifulSoup
soup = BeautifulSoup(page.content, 'html.parser')
```

使用 Python 默认的 html.parser 作为解析器，如果需要，也可以使用第三方解析器，如 lxml。

通常，当处理这样的 BeautifulSoup 新对象时，通过执行 soup？ 导出文档字符串是一个不错的想法。但是在这种情况下，文档字符串并不是特别有用。另一个工具是 pdir，它列出了对象的所有属性和方法（可以通过 pip install pdir2 安装），它是 Python 内置的 dir 函数的格式化版本。

（4）通过运行代码段 3-1 中的代码显示 BeautifulSoup 对象的属性和方法。无论 pdir 外部库是否安装，该命令都会运行。

```
try:
import pdir
dir = pdir
except:
print('You can install pdir with:\npip install pdir2')
dir(soup)
```

代码段 3-1　显示相关属性

在这里，可以看到能够在 soup 上调用的方法和属性列表。最常用的函数是 find_all，它可以返回与给定条件匹配的元素列表。

（5）通过运行以下代码获取页面的 h1 标题。

```
h1 = soup.find_all('h1')
h1
>>[<h1 class="firstHeading" id="firstHeading" lang="en">
List of countries by central bank interest rates</h1>]
```

通常情况下,页面中只有一个 H1 元素,所以我们在这里只找到了一个。

(6) 运行下面几个单元格,首先执行代码 h1 = h1[0],将 H1 重新定义为列表的一个(也是唯一的)元素,然后执行代码 h1.attrs 打印 h1 的 HTML 元素属性。

```
>>{'class': ['firstHeading'], 'id': 'firstHeading', 'lang': 'en'}
```

我们看到了这个元素的类(class)和 ID,它们都可以被 CSS 代码引用以定义这个元素的样式。

(7) 通过打印输出 h1.text 获取 HTML 元素内容(即可见文本)。

(8) 通过运行以下代码获取页面上的所有图片。

```
imgs = soup.find_all('img')
len(imgs)
>>91
```

此页面上有很多图片,其中大部分是国旗。

(9) 通过运行以下代码输出每张图片的源地址,结果如图 3-6 所示。

```
[element.attrs['src'] for element in imgs
if 'src' in element.attrs.keys()]
```

```
['//upload.wikimedia.org/wikipedia/commons/thumb/3/36/Flag_of_Albania.svg/21px-Flag_of_Albania.svg.png',
 '//upload.wikimedia.org/wikipedia/commons/thumb/9/9d/Flag_of_Angola.svg/23px-Flag_of_Angola.svg.png',
 '//upload.wikimedia.org/wikipedia/commons/thumb/1/1a/Flag_of_Argentina.svg/23px-Flag_of_Argentina.svg.png',
 '//upload.wikimedia.org/wikipedia/commons/thumb/2/2f/Flag_of_Armenia.svg/23px-Flag_of_Armenia.svg.png',
 '//upload.wikimedia.org/wikipedia/en/thumb/b/b9/Flag_of_Australia.svg/23px-Flag_of_Australia.svg.png',
 '//upload.wikimedia.org/wikipedia/commons/thumb/d/dd/Flag_of_Azerbaijan.svg/23px-Flag_of_Azerbaijan.svg.png',
 '//upload.wikimedia.org/wikipedia/commons/thumb/9/93/Flag_of_the_Bahamas.svg/23px-Flag_of_the_Bahamas.svg.png',
 '//upload.wikimedia.org/wikipedia/commons/thumb/2/2c/Flag_of_Bahrain.svg/23px-Flag_of_Bahrain.svg.png',
 '//upload.wikimedia.org/wikipedia/commons/thumb/f/f9/Flag_of_Bangladesh.svg/23px-Flag_of_Bangladesh.svg.png',
 '//upload.wikimedia.org/wikipedia/commons/thumb/e/ef/Flag_of_Barbados.svg/23px-Flag_of_Barbados.svg.png',
 '//upload.wikimedia.org/wikipedia/commons/thumb/8/85/Flag_of_Belarus.svg/23px-Flag_of_Belarus.svg.png',
 '//upload.wikimedia.org/wikipedia/commons/thumb/f/fa/Flag_of_Botswana.svg/23px-Flag_of_Botswana.svg.png',
 '//upload.wikimedia.org/wikipedia/en/thumb/0/05/Flag_of_Brazil.svg/22px-Flag_of_Brazil.svg.png',
 '//upload.wikimedia.org/wikipedia/commons/thumb/9/9a/Flag_of_Bulgaria.svg/23px-Flag_of_Bulgaria.svg.png',
```

图 3-6 图片来源地址列表

使用列表生成式[①]循环遍历每一个元素,并选择每个元素的 src 属性(只要该属性可用即可),以生成关于图片链接的列表。

现在采集表格数据,使用 Chrome 的开发工具查找其中包含的元素。

(10) 如果尚未完成以上内容,请打开在 Chrome 中查看的 Wikipedia 页面。然后在浏览器的 View(视图)菜单中选择 **Developer Tools**(开发者工具)选项。可以在侧边栏的

① 译者注:列表生成式(List Comprehensions)是 Python 内置的非常简单强大的可以用来创建 list 的生成式。

Developer Tools(开发者工具)选项的 Elements 选项卡中查看 HTML。

（11）单击工具侧栏左上角的小箭头，如图 3-7 所示，该功能可以将鼠标悬停在页面上，并查看 HTML 元素在侧栏的 Elements(元素)部分中的位置。

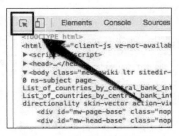

图 3-7　工具栏箭头选择

（12）将鼠标悬停在页面上，如图 3-8 所示，查看表格是如何包含在 id＝"bodyContent"的 div 中的。

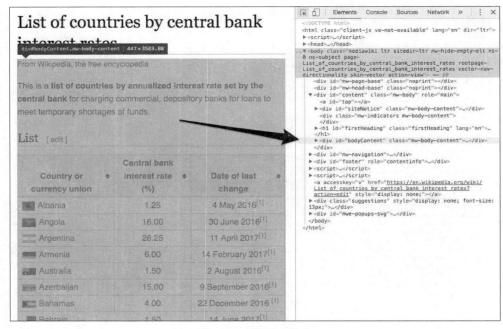

图 3-8　表格元素结构

（13）通过运行以下代码选择该 div 标签。

```
body_content = soup.find('div', {'id': 'bodyContent'})
```

我们现在可以在完整 HTML 的子集中查找表。通常情况下，表格包含 headers 标题＜th＞、rows 行＜tr＞、data entries 数据条目＜td＞。

（14）通过运行代码段 3-2 中的代码获取 table headers(表头)。

```
table_headers =body_content.find_all('th')[:3]
table_headers
>>>[<th>Country or<br/>
currency union</th>, <th>Central bank<br/>
interest rate (%)</th>, <th>Date of last<br/>
change</th>]
```

代码段 3-2　获取表头属性

这里可以看到 3 个表头。在每个元素的内容中,都有一个中断元素
,这会增加文本清晰解析的难度。

(15)通过运行代码段 3-3 中的代码获取文本。

```
table_headers =[element.get_text().replace('\n', ' ')
for element in table_headers]
table_headers
>>['Country or currency union',
'Central bank interest rate (%)',
'Date of last change']
```

代码段 3-3　获取文本属性

使用 get_text 方法获取内容,然后运行 replace[①]字符串方法以删除由
元素生成的换行。为了获得数据,首先进行一些测试,然后将所有数据收集到一个单元格中。

(16)通过运行以下代码获取第 2 个<tr>(行)元素中每个单元格的数据。

```
row_number =2
d1, d2, d3 =body_content.find_all('tr')[row_number]\.find_all('td')
```

找到所有的行数据,找出第 3 个,然后找到其中的 3 个数据。

查看结果数据,并观察如何解析每行的文本。

(17)运行下面几个单元格并打印 d1 及其 text 属性,结果如图 3-9 所示。

```
d1
<td align="left"><span class="flagicon"><img alt="" class="thumbborder" data-file-height="300
" data-file-width="450" height="15" src="//upload.wikimedia.org/wikipedia/commons/thumb/9/9d/
Flag_of_Angola.svg/23px-Flag_of_Angola.svg.png" srcset="//upload.wikimedia.org/wikipedia/comm
ons/thumb/9/9d/Flag_of_Angola.svg/35px-Flag_of_Angola.svg.png 1.5x, //upload.wikimedia.org/wi
kipedia/commons/thumb/9/9d/Flag_of_Angola.svg/45px-Flag_of_Angola.svg.png 2x" width="23"/> </
span><a href="/wiki/Angola" title="Angola">Angola</a></td>

d1.text
'\xa0Angola'
```

图 3-9　显示 d1 及其文本

---

① 译者注:replace 是 Python 中的函数,可执行字符替换操作。

可以看到,结果中有很多我们不想要的标签及其内容,可以通过仅搜索<a>标签的文本解决这个问题。

(18) 运行 d1.find('a').text 返回该单元格内正确处理的数据文本。

(19) 运行下面两个单元格以打印 d2 及其文本。从输出结果中可以看到,d2 的文本内容非常标准,甚至不用对它进行数据处理。

(20) 运行下面两个单元格以打印 d3 及其文本,如图 3-10 所示。

```
d3

<td><span class="sortkey" style="display:none;speak:none">000000002016-06-30-0000</span><span
style="white-space:nowrap">30 June 2016</span><sup class="reference" id="cite_ref-CentralBank
News_1-1"><a href="#cite_note-CentralBankNews-1">[1]</a></sup></td>

d3.text

'000000002016-06-30-000030 June 2016[1]'
```

图 3-10   显示 d3 及其文本

与 d1 类似,可以只获取 span 标签中的文本。

(21) 通过运行以下代码正确地解析这个表格的日期。

```
d3.find_all('span')[0].text
>> '30 June 2016'
```

(22) 下面通过循环语句迭代行标签<th>采集全部数据。运行代码段 3-4 中的代码。

```
data =[]
for i, row in enumerate(body_content.find_all('tr')):
...
...
>>Ignoring row 101 because len(data) ! =3
>>Ignoring row 102 because len(data) ! =3
```

代码段 3-4   通过循环迭代采集数据

对行标签进行迭代,忽略包含 3 个以上数据的行,这些数据与我们所需的表中的数据不对应。如果表中有 3 个数据的行,则解析在测试期中标记的行。

文本解析是在 try/except 语句块中完成的,该语句块用于捕获异常,若发现异常,则允许跳过这一行且不停止迭代,我们应该及时查看由该语句引起错误的任何行,这些数据可以手工记录,也可以通过更改循环并重新运行记录。本例为了节省时间,就不对错误信息进行处理了。

(23) 通过执行 print(data[:10])语句打印所采集数据的前 10 个元素。

```
>>[['Albania', 1.25, '4 May 2016'],
```

```
['Angola', 16.0, '30 June 2016'],
['Argentina', 26.25, '11 April 2017'],
['Armenia', 6.0, '14 February 2017'],
['Australia', 1.5, '2 August 2016'],
['Azerbaijan', 15.0, '9 September 2016'],
['Bahamas', 4.0, '22 December 2016'],
['Bahrain', 1.5, '14 June 2017'],
['Bangladesh', 6.75, '14 January 2016'],
['Belarus', 12.0, '28 June 2017']]
```

（24）我们将在本章后面可视化这些数据。现在，运行代码段 3-5 中的代码，将数据保存到 CSV 文件中。

```
f_path = '../data/countries/interest-rates.csv'
with open(f_path, 'w') as f:
  f.write('{};{};{}\n'.format(*table_headers))
  for d in data:
    f.write('{};{};{}\n'.format(*d))
```

代码段 3-5 数据的持久化操作

这里需要注意的是，需要使用分号分隔字段数据。

3.1.4 实践：在 Jupyter Notebook 中实现网页信息采集

通过上面的操作，我们将得到每个国家的人口数据。然后，本节我们将把这些数据与在 3.1.3 节中收集的利率数据一起进行可视化。

我们在本实践中看到的页面可以在以下网址找到：http：//www.worldometers. info/worldpopulation/popul-bycountry/。既然我们已经了解了网页信息采集的基本知识，那么下面就将这些技术应用到一个新的网页中，并采集更多的数据。

> 当访问该网址时可能会发现此页面已经和本书所描述的不一样了。如果此 URL 不再显示国家和地区的人口统计表，请使用以下网址：https://en. wikipedia. org/ wiki/List_of_countries_by_population（联合国）。

（1）在这个网页中，可以使用代码段 3-6 进行数据采集与处理。

```
data = []
for i, row in enumerate(soup.find_all('tr')):
    row_data = row.find_all('td')
        try:
            d1, d2, d3 = row_data[1], row_data[5], row_data[6]
```

```
            d1 = d1.find('a').text
            d2 = float(d2.text)
            d3 = d3.find_all('span')[1].text.replace('+', '')
        data.append([d1, d2, d3])
    except:
        print('Ignoring row {}'.format(i))
```

代码段 3-6 完成对相关信息的处理

（2）找到 chapter-3-workbook.ipynb 文件中的 Activity Web scraping with Python 部分。

（3）设置 url 变量，运行以下代码，在 notebook 中加载页面的 IFrame。

```
url = 'http://www.worldometers.info/world-population/
            population-bycountry/'
        IFrame(url, height=300, width=800)
```

（4）通过选择单元格或从 Jupyter Notebook 的单元格菜单中单击 Current output｜Clear 按钮清除数据，关闭 IFrame。

（5）通过运行以下代码请求页面，并将其加载为 BeautifulSoup 对象。

```
page = requests.get(url)
soup = BeautifulSoup(page.content, 'html.parser')
```

将页面内容导入 BeautifulSoup 中的构造函数。回想一下，之前我们使用的是 page.text 方法解决此问题。这两种方法的不同之处在于，上述的 page.content 方法返回原始二进制响应的内容，而 page.text 方法则返回 UTF-8 编码的内容。通常，最好的做法是传递 bytes 型对象并让 BeautifulSoup 对其进行解码，而不是使用 Requests 的 page.text 函数进行处理。

（6）运行以下代码，打印页面的 H1 标签的内容。

```
soup.find_all('h1')
>>[<h1>Countries in the world by population (2017)</h1>]
```

和 3.1.3 节的方法一样，通过搜索＜th＞、＜tr＞和＜td＞标签采集表格数据。

（7）通过运行以下代码获取和打印表格头部信息。

```
table_headers = soup.find_all('th')
table_headers
>>[<th>#</th>,
<th>Country (or dependency)</th>,
<th>Population<br/>(2017)</th>,
<th>Yearly<br/>Change</th>,
<th>Net<br/>Change</th>,
```

```
<th>Density<br/>(P/Km?)</th>,
<th>Land Area<br/>(Km?)</th>,
<th>Migrants<br/>(net)</th>,
<th>Fert.<br/>Rate</th>,
<th>Med.<br/>Age</th>,
<th>Urban<br/>Pop %</th>,
<th>World<br/>Share</th>]
```

（8）我们只需要前三列的信息。选择这些信息，并通过以下代码完成解析。

```
table_headers =table_headers[1:4]
table_headers =[t.text.replace('\n', '') for t in table_headers]
```

选择需要的表头的子集后，解析每个表头的文本内容，并删除所有换行符。现在，我们将获取数据。和3.1.3节描述的处理方法一样，首先将测试如何解析样本行的数据。

（9）通过运行以下代码获取样本行的数据。

```
row_number =2
row_data =soup.find_all('tr')[row_number]\.find_all('td')
```

（10）我们究竟有多少列数据呢？通过执行 print（len(row_data)）语句可以打印 row_data 的长度。

（11）通过执行 print（row_data[：4]）语句打印前四个列表元素。

```
>>[<td>2</td>,
<td style="font-weight: bold; font-size:15px; text-align:left"><a
href="/world-population/india-population/">India</a></td>,
<td style="font-weight: bold;">1,339,180,127</td>,
<td>1.13 %</td>]
```

很明显，我们需要选择 list 下标为 1，2，3 的元素。第1个数据是一个简单的索引值，可以忽略。

（12）通过运行以下代码选择需要解析的数据。

```
d1, d2, d3 =row_data[1:4]
```

（13）通过查看 row_data 的输出，可以知道是否能正确地解析数据。我们希望在第1个数据元素中选择<a>标签中的内容，然后从其他标签中获取文本，可以通过运行以下代码完成测试。

```
print(d1.find('a').text)
print(d2.text)
print(d3.text)
>>India
>>1,339,180,127
```

```
>>1.13 %
```

很棒！看起来效果不错。现在,我们要开始采集整个表格的数据了。

(14) 通过运行代码段 3-7 中的代码采集和解析表格数据。

```
ata =[]
for i, row in enumerate(soup.find_all('tr')):
    try:
        d1, d2, d3 =row.fid_all('td')[1:4]
        d1 =d1.fid('a').text
        d2 =d2.text
        d3 =d3.text
        data.append([d1, d2, d3])
    except:
        print('Error parsing row {}'.format(i))
>>Error parsing row 0
```

代码段 3-7　采集和解析表格数据

这一步与之前的操作非常相似,首先尝试解析文本,如果有错误,则跳过行。

(15) 通过执行 print(data[：10])语句打印被获取数据的前 10 个元素。

```
>>[['China', '1,409,517,397', '0.43 %'],
['India', '1,339,180,127', '1.13 %'],
['U.S.', '324,459,463', '0.71 %'],
['Indonesia', '263,991,379', '1.10 %'],
['Brazil', '209,288,278', '0.79 %'],
['Pakistan', '197,015,955', '1.97 %'],
['Nigeria', '190,886,311', '2.63 %'],
['Bangladesh', '164,669,751', '1.05 %'],
['Russia', '143,989,754', '0.02 %'],
['Mexico', '129,163,276', '1.27 %']]
```

看起来我们已经成功地获取了数据。需要注意的是,这个表的处理过程与 Wikipedia 表的处理过程非常相似,尽管这个 Web 页面是完全不同的。当然,数据并不总是包含在一个表中,但是无论如何,通常都使用 find_all 作为解析网页内容的主要方法。

(16) 最后,运行代码段 3-8 中的代码,将数据保存到 CSV 文件中供以后使用。

```
f_path ='../data/countries/populations.csv'
with open(f_path, 'w') as f:
    f.write('{};{};{}\n'.format(* table_headers))
    for d in data:
        f.write('{};{};{}\n'.format(* d))
```

代码段 3-8　数据持久化操作

总之,我们已经看到了如何利用 Jupyter Notebook 采集网页中的数据。本章从学习 HTTP 方法和状态代码开始讲解,然后介绍了如何使用 Python 的 Request 库发出 HTTP 请求,以及如何使用 BeautifulSoup 库解析 HTML 响应。

Jupyter Notebook 是用于完成这类工作的一个很好的工具,它能够探索网页 Request 请求的结果,并尝试各种有关 HTML 的解析技术,还能够很好地渲染 HTML 内容,甚至 能够在 Jupyter Notebook 中加载一个实时网页。

3.2 节将介绍一个全新的主题——交互可视化,我们将了解如何在 Jupyter Notebook 中创建和显示交互式图表,并使用这些图表进一步探索我们刚刚收集到的数据。

3.2 交互可视化

可视化是从数据集中提取信息的非常实用的方法,例如使用柱状图(bar graph)区分 值的分布要比查看表格中的数据直观很多。当然,正如本书前面所写的,它们可以用于研 究数据集中的模式(patterns),否则这些模式将很难被识别。此外,它们还可用于向不熟 悉数据的一方更好地解释数据集。例如,如果将可视化技术应用在博客中,则可以提高读 者的阅读兴趣,并使文章的布局更美观。

当探讨交互可视化时,其优势类似于静态可视化,因为它们允许观看者从其自身角度 进行主动探索,这不仅允许观看者回答他们对数据可能有的疑问,而且会在探索时考虑新 的问题。可以使博客读者或同事等单独一方受益,当然也包括创建者,因为借助可视化技 术可以轻松地对数据进行即时探索,且无须更改任何代码。

本节将讨论并展示如何使用 Bokeh 在 Jupyter 中构建交互可视化。在此之前,首先 将简单回顾一下 Pandas 的 Data Frames,它在使用 Python 进行数据可视化方面发挥着 重要作用。

3.2.1 构建 DataFrame 以存储和组织数据

正如我们在本书中一次又一次地看到的那样,Pandas 是使用 Python 和 Jupyter Notebook 进行数据科学分析不可或缺的一部分。DataFrame 提供了一种存储和组织标 记数据的方法,但更重要的是,Pandas 提供了在 DataFrame 中转换数据的省时方法。我 们在本书中看到的示例有删除重复值项、将字典映射到列、在列上应用函数以及填充缺失 值等。

关于可视化,DataFrame 提供了使用 Matplotlib[①] 创建各种图的方法,包括 df.plot.

---

① 译者注:Matplotlib 是一个 Python 的 2D 绘图库,它以各种硬拷贝格式和跨平台的交互式环境生成图像。

barch()和 df.plot.hist()等。依赖于 Pandas 和 DataFrame,交互式可视化库 Bokeh 可用于高级图表的制作,这些工作类似于 Seaborn[①]。正如第 2 章所述,DataFrame 被传递给绘图函数以及要绘制的特定列。然而,最新版本的 Bokeh 已经不再支持 DataFrame。相反,现在的绘图方式与 Matplotlib 大致相同,其中,数据可以存储在简单列表或 NumPy 数组中。讨论这个问题的重点是说明 DataFrame 并不是非常重要,但在可视化之前,组织和操作数据仍然非常有用。

下面演示构建和合并 Pandas DataFrame 的步骤。

本节将继续研究之前收集的国家信息数据。回想一下,我们已经提取了每个国家的央行利率和人口信息,并将结果保存到了 CSV 文件中。下面将从这些文件中加载数据,并将它们合并到 DataFrame 中,然后将其作为实现交互可视化的数据源。

(1) 在名为 chapter-3-workbook.ipynb 的 Jupyter Notebook 文件中,滚动到副标题为 Building a DataFrame to store and organize data 的位置。

首先从 CSV 文件中加载数据,以便回到数据采集后的状态。下面要练习在 Python 对象中(而不是使用 pd.read_csv 函数的方法)构建 DataFrames。

> ⓘ 当使用 pd.read_csv 方法时,每列的数据类型将被视为字符串类型。而在使用 pd. DataFrame 时,其数据类型将被视为当前输入变量类型。正如本节中的例子,在读取文件和实例化 DataFrame 之前,无须将变量转换为数字或日期时间。

(2) 通过运行代码段 3-9 中的代码将 CSV 文件加载到列表 list 中。

```
with open('../data/countries/interest-rates.csv', 'r') as f:
    int_rates_col_names =next(f).split(',')
    int_rates =[line.split(',') for line in f.read().splitlines()]
with open('../data/countries/populations.csv', 'r') as f:
    populations_col_names =next(f).split(',')
    populations =[line.split(',') for line in f.read().splitlines()]
```

代码段 3-9 数据加载操作

(3) 运行下面两个单元格,检查生成的列表 list,应该会看到类似以下的输出。

```
print(int_rates_col_names)
int_rates[:5]
>>['Country or currency union', 'Central bank interest ...
...
['Indonesia', '263', '991', '379', '1.10 %'],
```

---

① 译者注: Seaborn 是在 Matplotlib 的基础上封装的 API,可使作图变得更加方便。

```
['Brazil', '209', '288', '278', '0.79％']]
```

现在,数据采用标准的 Python 列表 list 结构,这就和前面部分从网页中采集的信息一致了。现在将创建两个 DataFrame 并合并它们,以便所有数据都能组织在一个对象中。

(4) 运行以下代码,使用标准的 DataFrame 构造函数创建两个 DataFrame。

```
df_int_rates =pd.DataFrame(int_rates,columns=int_rates_col_names)
df_populations =pd.DataFrame(populations,
                columns=populations_col_names)
```

这已经不是我们第一次在本书中使用此构造函数了。在这里,我们传递数据列表(如上文所示)和相应的列名到构造函数中,输入的数据也可以是字典类型,当每列包含在单独的列表时,这可能很有用。

接下来,我们将清理每个 DataFrame。从利率开始,我们打印其头部(head)和尾部(tail),并列出其数据类型。

(5) 显示整个 DataFrame 时,默认的最大行数为 60(对于版本 0.18.1)。通过运行以下代码,可设定最大行数为 10。

```
pd.options.display.max_rows =10
```

(6) 通过运行以下代码显示利率 DataFrame 的头部和尾部,结果如图 3-11 所示。

```
df_int_rates
```

	Country or currency union	Central bank interest rate (%)	Date of last change
0	Albania	1.25	4 May 2016
1	Angola	16.0	30 June 2016
2	Argentina	26.25	11 April 2017
3	Armenia	6.0	14 February 2017
4	Australia	1.5	2 August 2016
...	...	...	...
84	United States	1.25	14 June 2017
85	Uzbekistan	9.0	1 January 2015
86	Vietnam	6.25	7 July 2017
87	West African States	3.5	16 September 2013
88	Zambia	12.5	17 May 2017

89 rows × 3 columns

图 3-11 利率 DataFrame 中的数据

(7) 通过运行以下代码打印数据类型。

```
df_int_rates.dtypes
>>Country or currency union object
>>Central bank interest rate (%) object
```

```
>> Date of last change object
>> dtype: object
```

Pandas 已将每列数据类型表示为字符串，这很有意义，因为输入变量都是字符串类型的，后面可将它们的数据类型分别更改为 string、float 和 date-time。

（8）通过运行代码段 3-10 中的代码将数据类型转换为正确类型。

```
df_int_rates['Central bank interest rate (%)'] =\
df_int_rates['Central bank interest rate (%)']\
.astype(float,copy=False)
df_int_rates['Date of last change'] =\
pd.to_datetime(df_int_rates['Date of last change'])
```

代码段 3-10　数据转换

使用 astype 将利率值转换为浮点数，并设置 copy＝False 以节省内存。由于日期值以易于阅读的形式给出，因此可以使用 pd.to_datetime 简单地转换它们。

（9）通过运行以下代码检查每列的新数据类型。

```
df_int_rates.dtypes
>> Country or currency union        object
>> Central bank interest rate (%)   float64
>> Date of last change              datetime64[ns]
>> dtype: object
```

可以看出，每列数据都是正确的格式了。

（10）将相同的处理过程应用于其他 DataFrame。运行接下来的几个单元格，为 df_populations 重复上述步骤。首先打印 df_populations 并查看其内容，如图 3-12 所示。

```
df_populations
```

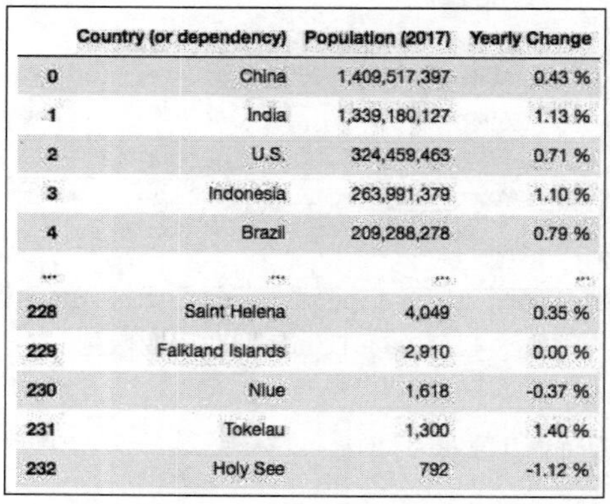

	Country (or dependency)	Population (2017)	Yearly Change
0	China	1,409,517,397	0.43 %
1	India	1,339,180,127	1.13 %
2	U.S.	324,459,463	0.71 %
3	Indonesia	263,991,379	1.10 %
4	Brazil	209,288,278	0.79 %
...	...	...	...
228	Saint Helena	4,049	0.35 %
229	Falkland Islands	2,910	0.00 %
230	Niue	1,618	-0.37 %
231	Tokelau	1,300	1.40 %
232	Holy See	792	-1.12 %

图 3-12　df_populations 内容

然后运行以下代码。

```
df_populations['Population (2017)'] =df_populations['Population
(2017)']\.str.replace(',', '')\
.astype(float, copy=False)
df_populations['Yearly Change'] =df_populations['Yearly Change']\
.str.rstrip('%')\
.astype(float, copy=False)
```

要想将数字列转换为 float 类型,首先必须对字符串进行一些修改。使用相应的字符串函数方法在 Populations 列中删除了所有逗号,并在 Yearly Change 列中删除了百分号。

现在,我们将要在每一行的 Country 字段上合并 DataFrame。请记住,这些仍然是从网页上采集的原始的国家名称,因此可能会涉及一些字符串匹配的工作。

(11)运行代码段 3-11 中的代码,合并 DataFrame。

```
df_merge =pd.merge(df_populations,
    df_int_rates,
    left_on='Country (or dependency)',
    right_on='Country or currency union',
    how='outer'
df_merge
```

代码段 3-11 数据合并

我们将保存人口数据和利率数据的 DataFrame[①] 以进行外部合并,合并的依据列为 df_populations 的 Country(or dependency)列和 df_int_rates 的 Country or currency union 列。当两者的依据列中的内容不完全匹配时,将会导致相应的合并列的内容出现 NaN 值。

(12)为了节省时间,让我们观察一下人口最多的国家,看看我们是否少匹配了某个值。理想情况下,我们应该检查每一个国家的数据。通过运行以下代码查看人口数前十的国家的相关数据,如图 3-13 所示。

```
df_merge.sort_values('Population (2017)', ascending=False)\ .head(10)
```

可以看到其中缺少美国的相关数据,这是因为美国在利率数据中已被列出。下面解决这个问题。

(13)通过运行以下代码修复人口表中的 U.S.行数据。

```
col ='Country (or dependency)'
```

---

① 译者注:分别为 df_populations 和 df_int_rates。

```
df_populations.loc[df_populations[col] == 'U.S.'] = 'United States'
```

使用 loc 方法定位人口（population）的 DataFrame 中相应的列，并为相应的国家名称进行重命名。现在让我们合并 DataFrame。

	Country (or dependency)	Population (2017)	Yearly Change	Country or currency union	Central bank interest rate (%)	Date of last change
0	China	1.409517e+09	0.43	China	1.75	2015-10-23
1	India	1.339180e+09	1.13	India	6.00	2017-08-02
2	U.S.	3.244595e+08	0.71	NaN	NaN	NaT
3	Indonesia	2.639914e+08	1.10	Indonesia	4.75	2016-10-20
4	Brazil	2.092883e+08	0.79	Brazil	7.25	2017-07-26
5	Pakistan	1.970160e+08	1.97	Pakistan	5.75	2016-05-21
6	Nigeria	1.908863e+08	2.63	Nigeria	14.00	2016-07-26
7	Bangladesh	1.646698e+08	1.05	Bangladesh	6.75	2016-01-14
8	Russia	1.439898e+08	0.02	Russia	9.00	2017-06-16
9	Mexico	1.291633e+08	1.27	Mexico	7.00	2017-06-22

图 3-13   人口排名前十的国家的相关数据

（14）以 Country 列重新合并 DataFrame，但这次使用内部合并（inner merge）以删除 NAN 值。

```
df_merge = pd.merge(df_populations,
            df_int_rates,
            left_on= 'Country (or dependency)',
            right_on= 'Country or currency union',
            how= 'inner')
```

（15）我们在合并 DataFrame 时留下了两个相同的列。运行以下代码，删除其中一列。

```
del df_merge['Country or currency union']
```

（16）运行以下代码，重命名列。

```
name_map = {'Country (or dependency)': 'Country',
    'Population (2017)': 'Population',
    'Central bank interest rate (%)': 'Interest rate'}
df_merge = df_merge.rename(columns=name_map)
```

最后留下了经过合并和清理后的 DataFrame，结果如图 3-14 所示。

（17）既然已经将所有数据放在一个组织良好的表中了，就可以继续讨论下一个有趣的话题——数据可视化。将此表保存为 CSV 格式的文件供以后使用，然后继续讨论如何使用 Bokeh 创建可视化。运行以下代码将合并的数据写入 CSV 文件，以便以后使用。

```
df_merge.to_csv('../data/countries/merged.csv', index=False)
```

	Country	Population	Yearly Change	Interest rate	Date of last change
0	China	1.409517e+09	0.43	1.75	2015-10-23
1	India	1.339180e+09	1.13	6.00	2017-08-02
2	United States	3.244595e+08	0.71	1.25	2017-06-14
3	Indonesia	2.639914e+08	1.10	4.75	2016-10-20
4	Brazil	2.092883e+08	0.79	7.25	2017-07-26
...	...	...	...	...	...
76	Mauritius	1.265138e+06	0.24	4.00	2016-07-20
77	Fiji	9.055020e+05	0.75	0.50	2011-11-02
78	Bahamas	3.953610e+05	1.06	4.00	2016-12-22
79	Iceland	3.350250e+05	0.77	4.50	2017-06-14
80	Samoa	1.964400e+05	0.67	0.14	2016-07-01

81 rows × 5 columns

图 3-14　经过数据清理与合并后的 DataFrame

3.2.2　Bokeh 简介

Bokeh 是 Python 的交互可视化库，它的目标是提供类似 D3 的功能，D3 是 JavaScript 常用的交互式可视化库。Bokeh 的功能与 D3 完全不同。考虑到 Python 与 JavaScript 之间的差异，这也并不奇怪。总之，Bokeh 更易上手使用，且无需 D3 中那些个性化设置的内容。

下面使用 Jupyter Notebook 直接进入快速练习，并通过示例介绍 Bokeh。

Bokeh 有很好的在线文档，但其中大部分已经过时了。在 Google 中提交类似 Bokeh bar plot 的搜索内容时，会出现一些已不存在的文档内容，例如通过 bokeh.charts（0.12.0 之前的版本）提供的高级绘图工具，它以 Pandas DataFrame 作为输入，这与 Seaborn 的函数绘图（plotting）方式非常相似。Bokeh 删除了高级绘图工具模块，进行了简化，可使开发人员更专注于后续的开发。现在，绘图工具主要集成到 Bokeh 的 plotting 模块，我们将在下一个练习和接下来的实践章节中看到其用法。

基于 Bokeh 的交互可视化步骤如下。

我们将加载所需的 Bokeh 模块，并显示一些可以使用 Bokeh 制作的简单交互式图。请注意，本书中的示例是使用 Bokeh 的 0.12.10 版本设计实现的。

（1）在名为 chapter-3-workbook.ipynb 的 Jupyter Notebook 文件中，滚动到副标题为 Subtopic B：Introduction to Bokeh 的位置。

（2）和 scikit-learn 模块一样，Bokeh 模块通常以片段形式加载（这与 Pandas 不同，Pandas 一次性加载整个库）。运行以下代码，导入一些基本的绘图模块。

```
from bokeh.plotting
import figure, show, output_notebook output_notebook()
```

需要运行 output_notebook()，以便在 Jupyter Notebook 中呈现交互式可视化效果。

（3）通过运行以下代码生成用来画图的随机数据。

```
np.random.seed(30)
data =pd.Series(np.random.randn(200),
index=list(range(200)))\
.cumsum()
x =data.index
y =data.values
```

使用分布在 0 附近的随机数字集合的累积和生成随机数据，效果类似于股票价格/时间序列趋势。

（4）通过运行以下代码在 Bokeh 中使用线图（line plot）的方法绘制数据图，如图 3-15 所示。

```
p =figure(title= 'Example plot', x_axis_label='x', y_axis_label='y')
p.line(x, y, legend= 'Random trend') show(p)
```

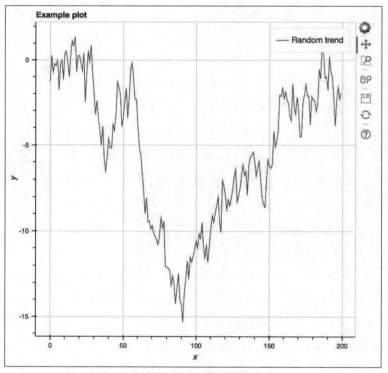

图 3-15　使用 line 函数绘制的数据图

以变量 p 实例化 figure 函数,然后绘制一个线形图。在 Jupyter 中运行后会产生一个交互式图形,图的右侧有各种工具选项。

前三个选项(0.12.10 版本)是 **Pan**、**Box Zoom** 和 **Wheel Zoom**,可以随意调试它们并探索其工作原理。调试时,可以使用重置选项恢复默认的显示设置。

(5)可以使用可替换方法 figure 绘制其他图。通过运行以下代码绘制一个散点图,如图 3-16 所示,这里使用 circle 函数代替前面代码中使用的 line 函数。

```
size = np.random.rand(200) * 5
p = figure(title='Example plot', x_axis_label='x', y_axis_label='y')
p.circle(x, y, radius=size, alpha=0.5, legend='Random dots')
show(p)
```

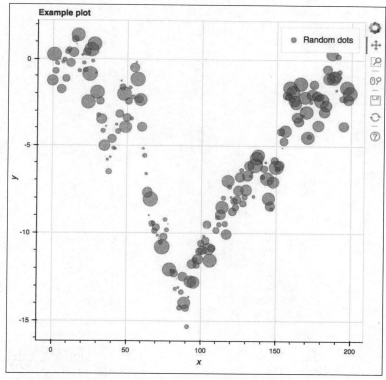

图 3-16　使用 circle 函数绘制的数据图

这里使用一组随机数字指定每个圆的大小。

交互式可视化的一个非常出色的功能是提示工具(tooltip),它是一个悬停工具(hover tool),允许用户通过将鼠标悬停在该点上获取有关该点的信息。

(6)为了添加此工具,我们将使用稍微不同的方法创建绘图,这要求我们导入几个新库,请运行以下代码。

```
p.circle(x, y, radius=size, alpha=0.5, legend='Random dots') show(p)
```

这次,我们将给这个绘图方法创建一个数据源,这个数据源可以包含元数据,可以通过悬停工具将其包含在可视化中。

(7)运行以下代码,使用悬停工具创建随机标签并绘制交互式可视化,结果如图 3-17 所示。

```
source =ColumnDataSource(data=dict(
x=x,
y=y,
…
…
source=source,
    legend='Random dots')
show(p)
```

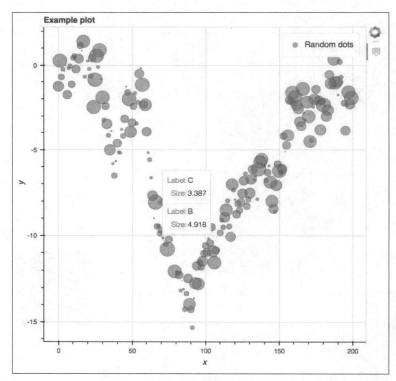

图 3-17　带有悬停提示的数据图

通过将具有键值对的字典传递给 ColumnDataSource 构造函数的方法定义绘图的数据源,这个数据源包含数据点的 x_location、y_location、大小和相应的随机字母 A,B 或 C,这些随机字母被指定为悬停工具的标签,还可以显示每个数据点的大小。

然后将 **Hover Tool** 加入到图中,并通过特定的绘图方法(此时为圆形 circle)从每个元素中检索数据。

现在,我们就可以将鼠标悬停在点的上方,并查看悬停工具(**Hover Tool**)选择的数据了。

请注意,查看图形右侧的工具栏,除了明确标明的 **Hover Tool** 图标外,其他的工具图标都消失了。可以通过 bokeh.plotting.figure 方法手动地将它们添加到工具对象列表并显示。

(8)运行以下代码,将 pan、zoom 和 reset 工具添加到绘图中。

```
from bokeh.models
import PanTool, BoxZoomTool, WheelZoomTool, ResetTool
...
...
    legend='Random dots')
    show(p)
```

这段代码与之前的代码相同,但工具变量不同,引用了我们从 Bokeh 库导入的一些新的工具。

我们将在这里停止介绍性的练习,3.2.3 节将继续探索数据的可视化。

3.2.3 实例: 使用交互式可视化探索数据

下面从之前停止的地方开始继续使用 Bokeh,但是我们将改变数据源——我们在 3.1 节中已经从网上采集了数据,现在使用它代替上文中随机生成的数据。

使用 Bokeh 对采集到的数据进行交互式可视化。

(1)在 chapter-3-workbook.ipynb 文件中,滚动到 Activity:Interactive visualizations with Bokeh section 部分。

(2)通过运行以下代码加载之前采集、合并、清洗的网页数据。

```
df =pd.read_csv('../data/countries/merged.csv')
df['Date of last change'] =pd.to_datetime(df['Date of last change'])
```

(3)显示 DataFrame,回想一下数据(如图 3-18 所示)。

在 3.2.2 节的练习中,我们主要了解了 Bokeh 的工作原理,现在我们对这些数据的外观产生了兴趣。为了探索这个数据集,下面将使用交互式可视化技术。

(4)运行代码段 3-12 中的代码,绘制以人口和利率为函数的散点图,结果如图 3-19 所示。

	Country	Population	Yearly Change	Interest rate	Date of last change
0	China	1.409517e+09	0.43	1.75	2015-10-23
1	India	1.339180e+09	1.13	6.00	2017-08-02
2	United States	3.244595e+08	0.71	1.25	2017-06-14
3	Indonesia	2.639914e+08	1.10	4.75	2016-10-20
4	Brazil	2.092883e+08	0.79	7.25	2017-07-26
...	...	...	...	...	...
76	Mauritius	1.265138e+06	0.24	4.00	2016-07-20
77	Fiji	9.055020e+05	0.75	0.50	2011-11-02
78	Bahamas	3.953610e+05	1.06	4.00	2016-12-22
79	Iceland	3.350250e+05	0.77	4.50	2017-06-14
80	Samoa	1.964400e+05	0.67	0.14	2016-07-01

81 rows × 5 columns

图 3-18　DataFrame 中的数据

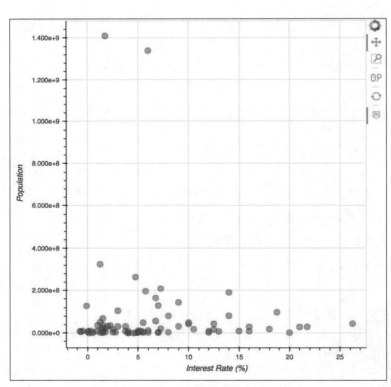

图 3-19　人口和利率关系散点图

```
source =ColumnDataSource(data=dict(
    x=df['Interest rate'],
    y=df['Population'],
    desc=df['Country'],
```

```
))
hover =HoverTool(tooltips=[
    ('Country', '@desc'),
    ('Interest Rate (%)', '@x'),
    ('Population', '@y')
])
tools =[hover, PanTool(), BoxZoomTool(),
WheelZoomTool(), ResetTool()]
    p =figure(tools=tools,
    x_axis_label='Interest Rate (%)',
    y_axis_label='Population')
p.circle('x', 'y', size=10, alpha=0.5, source=source)
show(p)
```

代码段 3-12   绘制以人口和利率为函数的散点图

这与我们在 3.2.2 节介绍 Bokeh 时所看到的最终示例非常相似。我们设置了一个自定义数据源,其中包含每个点的 x 和 y 坐标以及国家名称,国家名称将传递给悬停工具,以便在将鼠标悬停在点上时可以查看信息。下面将此工具和一组其他的有用工具一起传递给该图。

(5) 在此数据中,可以看到一些明显的异常值(outliers),其人口非常多。下面将鼠标悬停在这些点上,查看它们是什么,结果如图 3-20 所示。

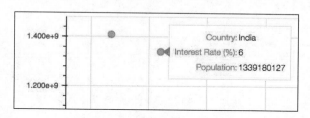

图 3-20   异常值详细信息(1)

从图 3-20 中可以看到,它们来源于印度和中国,这些国家的利率相当平均。通过使用 **Box Zoom** 工具可以修改视图窗口的大小,可以以此关注其余的点。

(6) 使用 Box Zoom 工具放大查看窗口的大小以便查看大部分数据,结果如图 3-21 所示。

探讨各点并了解各国的利率情况,如图 3-22 所示,查看利率最高的国家是哪些。

(7) 一些人口较少的国家似乎有负利率。使用 **Wheel Zoom** 工具放大此区域。如果需要,则可以使用 **Pan** 工具将绘图重新居中,以便查看负利率样本。如图 3-23 所示,将鼠标悬停在一些样本上,以查看它们对应的国家。

重新绘制并给上一次利率变化的日期添加颜色,这样做对于探索上一次更改日期与利率或人口规模之间的关系非常有用。

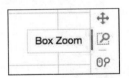

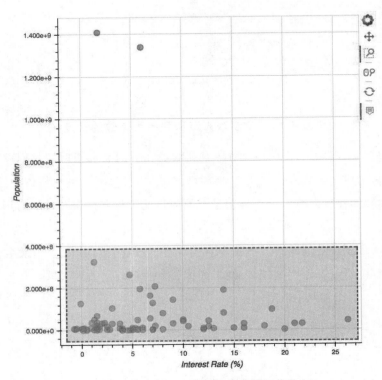

图 3-21　Box Zoom 工具与异常值详细信息(2)

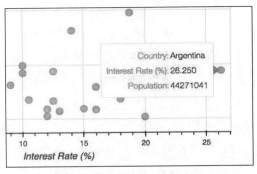

图 3-22　利率最高的国家信息

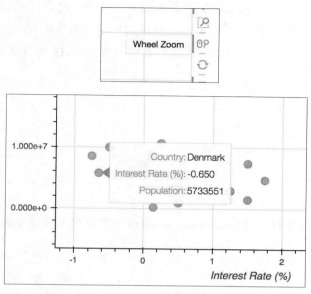

图 3-23　负利率的国家信息

（8）运行代码段 3-13 中的代码，将 Year of last change 列添加到 DataFrame 中。

```
def get_year(x):
    year =x.strftime('%Y')
    if year in ['2018', '2017', '2016']:
        return year
else:
    return 'Other'
df['Year of last change'] =df['Date of last change'].apply(get_year)
```

代码段 3-13　添加相关数据到 DataFrame 中

首先定义一个函数，并根据最后一次更改的年份对样本进行分组，然后将该函数应用于 **Date of last change** 列。接下来需要将这些值以不同的颜色映射到可视化中。

（9）创建一个 map，通过运行代码段 3-14 中的代码将相应列中的值以不同的颜色分组。

```
year_to_color ={
'2018': 'black',
'2017': 'blue',
'2016': 'orange',
'Other':'red'
}
```

代码段 3-14　将 Year of last change 列中的值以不同的颜色分组

映射到 Year of last change 列之后,将根据可用类别(即 2018、2017、2016 和 Other)分配颜色值。这里的颜色是标准字符串,也可以用十六进制代码表示。

(10) 运行代码段 3-15 中的代码,创建彩色视图(结果如图 3-24 所示)。

```
source =ColumnDataSource(data=dict(
x=df['Interest rate'],
...
...
    fill_color='colors', line_color='black',
    legend='label')
show(p)
```

代码段 3-15   通过 ColumnDataSource 完成对部分属性的定义

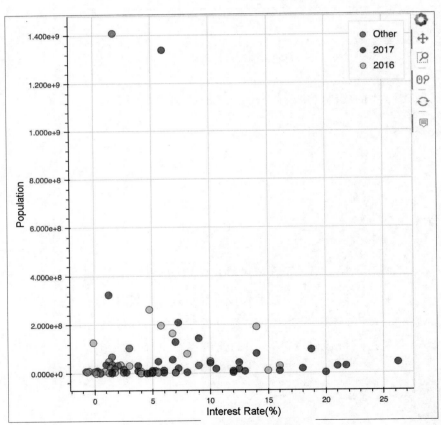

图 3-24   添加颜色分类后的视图

这里有一些重要的技术细节。首先,将每个点的颜色和标签添加到 ColumnDataSource 函数中;其次,在绘图时需要设置圆点的 fill_color 和图例(legend)参数。

(11) 寻找数据模式(pattern),放大人口较少的国家(如图 3-25 所示)。

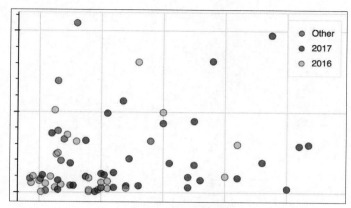

图 3-25　人口较少的国家的视图

可以看到,深色的点在图的右侧更为普遍,这表明大部分有高利率的国家是近期更新了数据的国家。

现在还没有看到的一个数据列是人口的逐年变化,下面将该列与利率进行比较并可视化,看看能否发现它们的变化趋势。我们还将根据国家人口设置圆圈大小以提升可视化效果。

(12) 运行代码段 3-16 中的代码,绘制利率和年度人口变化关系的图(如图 3-26 所示)。

```
source =ColumnDataSource(data=dict(
    x=df['Yearly Change'],
...
...
p.circle('x', 'y', size=10, alpha=0.5, source=source,
radius='radii')
show(p)
```

代码段 3-16　绘制利率和年度人口变化关系的图

这里使用各个国家总人口的平方根作为半径,确保将结果缩小到可视化的适宜大小。

可以看到,年度人口变化与利率之间存在很强的相关性。当考虑人口规模时(主要考虑较大的圆圈),可以看出这种相关性尤其强烈。下面在图中添加一条最合适的线以说明这种相关性。

使用 scikit-learn 创建最佳拟合线,使用国家人口(如图 3-26 所示)作为权重。

(13) 运行代码段 3-17 中的代码,确定最适合描述之前视图关系的线。

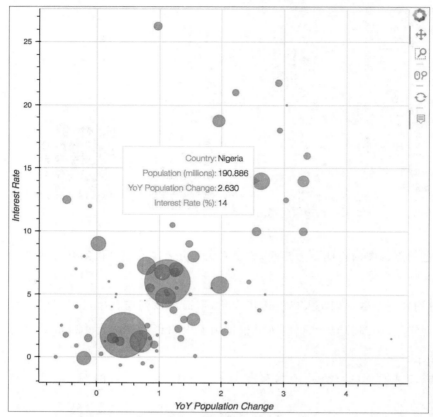

图 3-26   利率与年度人口关系图

```
from sklearn.linear_model import LinearRegression
X = df['Yearly Change'].values.reshape(-1, 1)
y = df['Interest rate'].values
weights = np.sqrt(df['Population'])/1e5
lm = LinearRegression()
lm.fit(X, y, sample_weight=weights)
lm_x = np.linspace(X.flatten().min(), X.flatten().max(), 50)
lm_y = lm.predict(lm_x.reshape(-1, 1))
```

代码段 3-17   确定最适合描述之前视图关系的线

根据前几章的学习,我们应该已经熟悉了如何使用 scikit-learn 代码。和上文中绘图的方法一样,我们使用转换后的人口数据作为权重进行绘图,然后通过预测一系列 x 值的线性模型值计算最佳拟合线。

为了绘制线,可以重复使用前面的代码,在 Bokeh 中添加对线模块的额外调用,必须为此模块设置新的数据源。

(14) 运行以下代码重新绘制前面的图,并添加最佳拟合线,结果如图 3-27 所示。

```
source =ColumnDataSource(data=dict(
    x=df['Yearly Change'],
    y=df['Interest rate'],
...
...
p.line('x', 'y', line_width=2, line_color='red',
    source=lm_source)
    show(p)
```

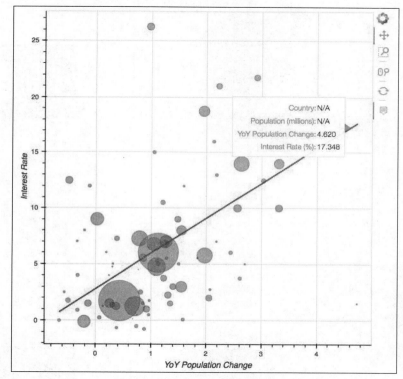

图 3-27　添加了最佳拟合线的利率与年度人口关系图

对于绘制拟合线的数据源 lm_source,使用 N/A 作为国家名称和人口,因为这些不适用于最佳拟合线的值。通过悬停在线上可以看出,它们确实出现在工具提示中。

此可视化的交互特性为我们提供了一个探索此数据集中异常值(outliers)的机会,例如图 3-27 右下角的小点。

(15)通过使用缩放工具(Zoom)并将鼠标悬停在感兴趣的样本上探索绘制的图形。请注意以下两点。

- 鉴于年度人口变化较小,乌克兰的利率异常高,如图 3-28 所示。
- 鉴于年度人口变化较大,巴林的利率异常低,如图 3-29 所示。

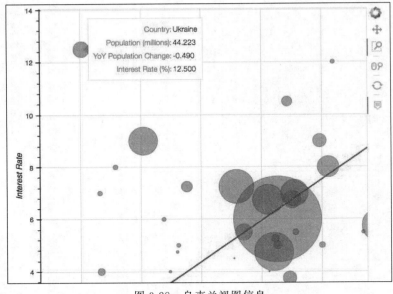

图 3-28　乌克兰视图信息

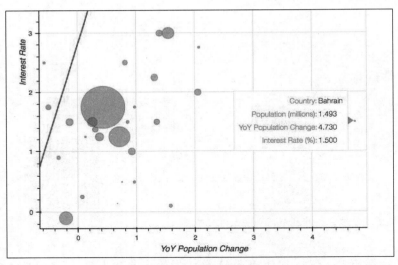

图 3-29　巴林视图信息

3.3　本章小结

本章采集了网页表格数据,然后使用交互式可视化技术研究这些数据。

首先了解了 HTTP 请求的工作原理,重点关注了 GET 请求及其响应状态代码;然后在 Jupyter Notebook 中根据 Python 的 Requests 库发出了 HTTP 请求,我们看到了如何使用Jupyter Notebook渲染HTML页面以及实现可与之互动的网页。在发出请求之后,看到了如何使用BeautifulSoup解析HTML中的文本,并使用这个库采集表格数据。

在采集两个数据表后,将数据存储在Pandas的DataFrames中。第一个表格包含每个国家的中央银行利率,第二个表格包含相应的人口。将这些数据组合成一个表,用于创建交互式可视化。

最后,使用Bokeh在Jupyter Notebook中呈现交互式可视化。我们了解了如何使用Bokeh API创建各种自定义绘图,并制作具有特定交互功能(如缩放、平移和悬停)的散点图。在个性化方面,明确地展示了如何为每个数据样本设置预算内点半径和颜色。此外,当使用Bokeh探索已采集的人口数据时,可以使用提示工具显示悬停在点上时的国家和地区的名称和相关数据。

恭喜您已经使用Jupyter Notebook完成了这门关于数据科学的入门课程!无论您使用Jupyter Notebook和Python的经验如何,您都已经学习了一些实用的数据科学的技能。

第 4 章

神经网络与深度学习概述

对于 MNIST 手写体数据集而言,它不包含那些位于图像界限边缘上的数字。没有一个神经网络能够处理边缘区域上的相关的像素点信息。如果想要处理的图像靠近设计的中心区域,那么神经网络能够把它们更好地分辨出来。用于训练神经网络的数据质量越好,神经网络的处理能力就越强。如果用于训练神经网络的数据与用于预测的数据相差很大,那么神经网络很可能会产生令人失望的结果。本章将介绍关于神经网络的基础知识,介绍如何搭建深度学习的编程环境,还将介绍有关神经网络的一些常见组件及基础操作;最后,本章将使用 TensorFlow 框架探索一个训练好的神经网络并以此结束本章的内容学习。

本章的主要目的在于理解神经网络究竟能做些什么,不会涉及太多深度学习算法的数学概念,而是介绍构建深度学习系统中的一些必要内容。除此之外,还会介绍一些使用神经网络解决实际问题的案例。

如果您想搭建一个用于解决实际工程问题的神经网络系统,例如判断算法是否可以解决给定的实际问题,那么本章会为您带来一种非常直观的体验。本章的核心内容是将一个问题抽象为数学表示。本章结束时,您将学习到如何将一个问题视为一个数学表示的集合,并通过深度学习算法学习这些数学表示。

本章结束时,您将能够:

- 掌握神经网络的基础知识;
- 搭建深度学习的编程环境;
- 了解神经网络的常见组件及其基本操作;
- 使用 TensorFlow 探索一个训练好的神经网络系统。

4.1 什么是神经网络

神经网络也被称为**人工神经网络**,其概念由麻省理工学院的 Warren McCullough 教授和 Walter Pitts 教授在 20 世纪 40 年代首次提出。

> ⓘ 有关深度学习的更多相关信息,请参考麻省理工学院新闻官方网站于 2017 年 4 月 14 日发布的相关资讯:http://news.mit.edu/2017/explained-neural-networksdeep-learning-0414。

受神经科学相关进展的启发,两位教授提出要构造一个能够重现(人类或其他生物)大脑工作方式的计算机系统,其核心是一种基于互联网络方式工作的计算机系统的思想。这样的网络中的组件既能够解释数据,也能在解释数据的方式上相互影响和作用,这种核心思想一直延续到现在。

目前,深度学习被认为是主要关于神经网络的研究(即神经网络的代名词)。但是,深度学习和神经网络还是有一定差别的:用于深度学习的神经网络有更多的节点和神经层,其规模通常要比早期的神经网络大得多。深度学习算法和应用通常需要耗费很多资源才能取得良好的效果,所以,用“深度”这个词强调其大小和内部大量互连的神经元数目比早期的神经网络多得多。

4.1.1　成功的应用案例

自 20 世纪 40 年代首次提出神经网络以来,它就一直以某种形式被人们研究。近几年,深度学习系统被大规模应用于工业领域。如今,神经网络已经在语音识别、语言翻译、图像分类和其他领域中取得了巨大成功。

神经网络的突出表现得益于目前计算能力的显著提升以及图形处理单元(Graphic Processing Units,GPU)和张量处理单元(Tensor Processing Units,TPU)的出现,它们不仅能够比常规 CPU 执行更多的同步数学运算,而且还有更高的数据可用性。

深度学习的功耗不同于 AlphaGo 算法的功耗。AlphaGo 是起源于 DeepMind 的一项方案,旨在开发一系列算法并在 Go 游戏中取胜,它是能够体现深度学习能力的一个例子,而 TPU 则是由 Google 开发的用于深度学习编程的芯片组。

网址 https://deepmind.com/blog/alphago-zero-learning-scratch/中的内容描述了训练不同版本的 AlphaGo 算法所需的 GPU 和 TPU 的数量。

> ⓘ 本书没有使用 GPU 实现给出的实例。对于训练神经网络,GPU 不是必需的。对于许多简单的实例(如本书提供的实例),笔记本式计算机的 CPU 就可以支持神经网络的运行。但是,在数据集非常大的情况下,神经网络在 CPU 上的运行效率会很低,花费太长时间训练神经网络是不切实际的,这时 GPU 可以给我们带来很大的帮助。

下面列举几个神经网络能够起到显著作用的例子。

- **文本翻译**。2017 年，Google 宣布推出了一款针对翻译服务的名为 **Transformer** 的算法，该算法由经过双语文本训练的递归神经网络（LSTM）组成。Google 表示，与工业行业标准（BLEU）相比，该算法的准确性有显著提升，且计算效率也很高。在撰写本书期间，Transformer 是 Google 翻译的主要翻译算法。

> **ℹ** 可在 2017 年 8 月 31 日发表于 Google 研究博客上的一篇题为 *Transformer：A Novel Neural Network Architecture for Language Understanding* 的文章（https://researchgoogleblog.com/2017/08/transformernovel-neural-network.html）中查阅相关信息。

- **自动驾驶汽车**。Uber、NVIDIA 和 Waymo 都在使用深度学习模型操控不同车辆的驾驶功能。每家公司都致力于多种可能方案的研发，包括使用人训练神经网络，在一个虚拟环境中模拟车辆驾驶，甚至创造一个类似城市的小环境，在这种环境中，可根据预期事件和意外事件提前对车辆进行训练。

> **ℹ** Alexis C. Madrigal 于 2017 年 8 月 23 日在 The Atlantic 网站发表了一篇题为 *Inside Waymo's Secret World for Training Self Driving Cars* 的文章，详情请见：https://www.theatlantic.com/technology/archive/2017/08/inside-waymos-secret-testing-and-simulation-facilities/537648/。
>
> NVIDIA 于 2016 年 8 月 17 日发表了题为 *End-to-End Deep Learning for Self-Driving Cars* 的文章，详情请见：https://devblogs.nvidia.com/parallelforall/deep-learning-self-driving-cars/。
>
> Dave Gershgorn 于 2016 年 12 月 5 日在 Quartz 发表了文章 *Uber's New AI Team is Looking for the Shortest Route to Self-Driving Cars*，详情请见：https://qz.com/853236/ubers-new-ai-team-is-looking-for-theshortest-route-to-self-driving-cars/。

- **图像识别**。Facebook 和 Google 都使用深度学习模型识别图像中的实体，并自动地将这些实体归类到相关联系人的组中。这两种功能都使用了标注好的图像以及目标朋友或联系人的图像对神经网络进行训练。两家公司表示，在大多数情况下，深度学习模型能够准确地识别用户，并为用户推荐相关的朋友或联系人。

神经网络和深度学习虽然在其他工业领域都有许多成功案例，但深度学习模型的应用仍处于起步阶段。我们期待更多成功的应用案例出现，包括您所构建的深度学习应用。

4.1.2　为什么神经网络能够表现得如此出色

为什么神经网络能够表现得如此出色呢？原因在于神经网络可以利用合理的近似方

法预测任何给定的函数。如果有一种方法能够将一个问题抽象为数学函数,并且还有准确表示该函数的数据,那么基于深度学习模型的方法将是不二之选。给定了充足的资源,深度学习模型就可以近似输出对应的函数,这就是神经网络的通用性原理(universality principle of neural networks)。

> ⓘ 更多信息请参阅 Michael Nielsen 所著的 *Neural Networks and Deep Learning* 中的第 4 章 *A visual proof that neural nets can compute any function*。相关网址:http://neuralnetworksanddeeplearning.com/chap4.html。

本书不会深究神经网络的通用性原理的数学证明。但是,神经网络的两个特征——表示学习(representation learning)和函数近似(function approximation)会让您更加直观地理解该原理。

> ⓘ 更多信息请参考 Kai Arulkumaran、Marc Peter Deisenroth、Miles Brundage 和 Anil Anthony Bharath 等人于 2017 年 9 月 28 日在 arXiv[①] 发表的 *A Brief Survey of Deep Reinforcement Learning*。相关网址:https://www.arxiv-vanity.com/papers/1708.05866/。

1. 表示学习

用来训练神经网络的数据包含"表示"(也称特征),它解释了要解决的问题。例如,在图像面部识别中,把一组面部图像中的每个像素的颜色值作为训练的开始。通过对模型的训练,可以把其中的像素组合在一起,并通过连续训练学习更高级别的特征,如图 4-1 所示。

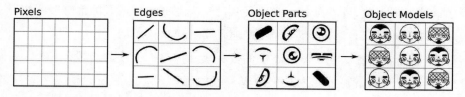

图 4-1 从像素颜色值开始到一系列高级表示的过程。引自:Yann LeCun, yoshu Bengio, Geoffrey Hinton. "Deep Learning", Nature 521, 436-444 (2015 年 5 月 28 日) doi:10.1038/nature14539

形式上,神经网络是计算图(computation graph),其中每个步骤都是从输入数据中计算更抽象的特征。

每一步骤都表示输入数据进入了一个不同抽象层的过程。数据通过这些抽象层进行

---

① 译者注:arXiv 是一个收录科学文献预印本的在线数据库,它只是一个提交论文预印本的平台,目前收录了超过 350 万篇文章。

处理,并连续构建出更高级的表示。当可能获得尽可能高的表示形式时(模型可以尝试用来预测),才结束这个过程。

2. 函数近似

神经网络是通过将权重(weight)和偏差(bias)与来自不同层的神经元相结合的方式学习对新数据的表示的。使用反向传播的数学方法,神经网络会在每个训练周期调整这些层间连接的权重。在神经网络的每一轮训练中,权重和偏差都会得到调整和改善,直到其性能达到一个最佳状态为止。这说明,神经网络可以衡量每个训练周期中的损失函数,之后调整每个神经元的权重和偏差,然后重复这个过程。如果在训练过程中确定此次参数更新的结果比上一轮的效果好,这个过程就会继续下去,直到达到优化为止[①]。

简而言之,这一套流程就是神经网络能够近似函数输出的原因。然而,在有些预测上,神经网络并不能达到完美的效果,造成这种情况的原因有很多,主要原因可能包括:

- 许多函数包含随机的属性;
- 训练数据中可能存在过拟合的特性;
- 可能缺乏训练数据[②]。

在许多实际应用中,简单的神经网络能够做到以合理的精度逼近函数,这类应用会是未来研究工作的重点。

4.1.3　深度学习的局限性

深度学习技术最适合解决能用形式化的数学规则(数据表示)所定义的问题。如果难以用这种方式定义问题,那么深度学习很可能无法提供有效的解决方案。而且,如果用于给定问题的数据有偏差,或者只包含能够反映产生问题的目标函数的部分表示,那么深度学习技术能做到的仅仅是重现问题,而不是通过学习解决这个问题。

请记住,深度学习算法通过学习不同的数据表示以逼近给定的函数,如果没有准确的数据表示,那么神经网络很可能无法正确表示目标函数。考虑下面的模拟场景:您试图预测汽油(即燃油)的全国价格,生成一个深度学习模型。您可以将信用卡账单与汽油的日常开支一起作为训练深度学习模型的输入数据。根据输入,该模型最终会学习到一个反映您的汽油消费情况的深度学习模型,但是由于您所给出的日常数据中包含很多其他因素,例如政府政策、市场竞争、国际政治等,这个不正确的数据表示很有可能会误判汽油价格的浮动,最终可能导致该模型在使用过程中产生不正确的结果。

因此,为了避免此类问题的发生,必须确保用于训练模型的数据能够尽可能准确地反

---

① 译者注:文中所说的达到优化即使损失函数达到最小。有关损失函数的介绍后面会提到。
② 译者注:和"过拟合"相反,此时可能会出现"欠拟合"。

映深度学习模型面对的实际问题。

> ⓘ 为了能深入理解本节的内容,请参阅 Francois Chollet 的新书 *Deep Learning with Python*。Francois 是本书使用的 Keras 的创建者,其中的 *The limitations of deep learning* 章节的内容对于理解本节很重要。相关网址:https://blog.keras.io/the-limitations-of-deeplearning.html。

数据的固有偏差和伦理上的考虑

研究人员认为,在不考虑训练数据内部固有偏差的情况下使用深度学习模型,不仅会使问题无法得到妥善解决,甚至可能会引发伦理道德问题。

例如,2016 年年底,上海交通大学的研究人员训练了一个对犯罪分子进行判断的神经网络,它仅仅使用人脸图片对犯罪分子进行识别。研究人员使用了 1856 张男性的照片进行测试,其中半数被认定为犯罪分子。

> ⓘ 该模型识别犯罪分子的准确率为 89.5%(详见:https://blog.keras.io/the-limitations-of-deep-learning.html)。另外,《麻省理工学院技术评论》(*MIT Technology Review*)也于 2016 年 11 月 22 日发表题为 *Neural Network Learns to Identify Criminals by Their Faces* 的文章,详见:https://www.technologyreview.com/s/602955/neuralnetwork-learns-to-identify-criminals-by-their-faces/。

该论文在学术界与大众媒体引起了极大的轰动,其中的关键点是该模型无法正确识别输入数据的内部固有偏差。也就是说,本研究中使用的数据有两个不同的来源:一个是犯罪分子,另一个则是非犯罪分子。一些研究人员表示,该算法应学习本研究中不同的数据来源的特点,而不是仅靠在人脸上识别其犯罪相关性。这样做有对深度学习模型技术层面的考量,但关键因素还是有关伦理道德的:我们应该清楚地认识到,深度学习算法使用的输入数据存在固有偏差,并应考虑其应用会对人们的生活产生的影响。

> ⓘ 在 New Scientist 网站上,Timothy Revell 于 2016 年 12 月 1 日发表题为 *Concerns as face recognition tech used to "Identify" criminals* 的文章,详见:https://www.newscientist.com/article/2114900-concernsas-face-recognition-tech-used-to-identify-criminals/。想要了解更多学习算法(包括深度学习)中的道德问题,请参考 AI Now Institute (https://ainowinstitute.org/),这是一个为了更好地理解智能系统的社会影响而创建的组织。

4.1.4　神经网络的一般构成和操作

神经网络由两个关键部分组成:(神经)层和节点。节点用于实现一些特定的操作,层是由一组神经网络不同功能阶段的节点所组成的。

通常情况下,神经网络包含以下三类层,如图 4-2 所示。

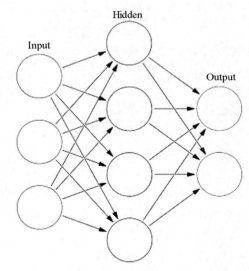

图 4-2　神经网络常见层的图解(本图出自 Glosser.ca,引自文献:Artificial neural network.svg CC BY-SA 3.0, https://commons.wikimedia.org/w/index.php?curid=24913461)

- **输入层(input layer)**:用于接收输入数据,是最开始被执行的部分。
- **隐藏层(hidden layer)**:用于数据的计算,数据通过隐藏层可被修改。
- **输出层(output layer)**:用于数据的集成与性能评估。

隐藏层是神经网络中最重要的神经层。由于在该层中生成的(数据)表示特征无法被直接使用,但最终的结果却是从这里学习到的,因此该层被称为隐藏层。神经网络的隐藏层承担着主要的计算任务。

节点是数据在神经网络中的表示。与节点相关的参数有两个:偏差和权重。这两个参数值不仅会影响当前节点的表示,而且会把信息传递到下一个节点。当一个神经网络开始学习时,它就会有效地调整这些参数值,以满足优化函数的需要。

神经网络中的大部分工作都发生在隐藏层中,但是并没有明确规定一个神经网络到底应该有多少个神经层或神经元。在实现神经网络时,人们可能会花时间尝试不同的层和节点的组合方式。建议始终从单个层开始,并且使用一大批节点反映输入数据所具有的特征数(即数据集中有多少可用列),然后可以继续向下增加层数和节点数,直到出现满意的实验效果或者出现过度拟合数据的现象为止。

现在,神经网络的实践通常局限于对神经网络节点数和层数的实验(例如一个神经网络的合适深度是多少层)以及在每层上所执行的操作的类型。通过调整这些相关参数,神经网络的性能可以胜过其他算法,而且已有很多相关的案例。

直观地,数据通过输入层进入神经网络系统,然后通过网络,数据从一个节点传递到下一个节点。数据的传递路径将取决于节点之间的连接方式,即每个节点的权重和偏差,以及每层中执行的操作类型,还有此类操作结束时的数据状态。神经网络通常需要很多次的"运行"(即迭代,epoch),以调优(tuning)每个节点的权重和偏差,这意味着数据是在不同层之间多次流动的。

本节对神经网络和深度学习进行了概述。此外,针对初学者,将说明以下几个关键概念:

- 理论上,在神经网络具有充足的(训练)资源和数据的情况下,可近似大部分的函数;
- 神经层和神经元是神经网络最重要的架构组成,通常情况下,人们会花费大量的时间修正神经层的这些组分,以找到适用的神经网络结构;
- 权重和偏差是神经网络在训练过程中"学习"的关键属性。

在 4.2 节中,您会发现这些概念是相当有用的。接下来,我们将了解一个真实的、已经训练好的神经网络,并通过修改参数训练这个神经网络。

4.2　配置深度学习环境

在结束这章之前,我们希望您可以接触到真实的神经网络模型。首先会介绍一些需要使用的软件组件,请确保它们已经正确地安装在计算机上。下面将深入了解一个预训练好的神经网络模型,并深入了解在 4.1 节介绍的一些组件和操作。

4.2.1　用于深度学习的软件组件

我们将使用下述软件组件完成深度学习。

1. Python 3

Python 是一门在科学界非常流行的通用编程语言,它在深度学习领域也被广泛采用。Python 2 可以取代 Python 3 训练神经网络,但是本书并不涉及这个版本。由于 Python 3 的许多性能要优于 Python 2 且 Python 3 成熟得多,所以即使选择在 Python 2 中实现各种操作方案也建议将其迁移到 Python 3。

2. TensorFlow

TensorFlow 是一个以图的形式执行数学运算的库。TensorFlow 最初由 Google 公司开发,现在 TensorFlow 是一个包含很多贡献者的开源项目。TensorFlow 是基于神经网络设计的,也是用于创建深度学习算法的最受欢迎的库之一。

TensorFlow 以其组件而闻名，它附带的是为深度学习模型而服务的高性能 TensorFlow Serving(https://github.com/tensorflow/serving)。训练好的 TensorFlow 模型也可以在 Java、Go 和 C 等其他高性能编程语言中使用，这意味着人们可以将这些深度学习模型部署到从微型计算机到 Android 设备的任何地方。

3. Keras

Keras 是一个 Python 包(https://keras.io/)，它能够有效地配合 TensorFlow。Keras 中带有用于开发神经网络的高级别 API。TensorFlow 侧重于计算图中相互作用的组件，而 Keras 更侧重于神经网络。Keras 使用 TensorFlow 作为其后端引擎，会使开发此类应用程序变得更加容易。

截至 2017 年 11 月(TensorFlow version 1.4)，Keras 一直作为 TensorFlow 的一部分。可在 tf.keras 的命名空间中使用 Keras。如果已经安装了 TensorFlow 1.4 或更高版本，那么您的系统中就已经有了 Keras。

4. TensorBoard

TensorBoard 是一个与 TensorFlow 集成的组件，用于基于 TensorFlow 模型的数据可视化。TensorBoard 通过由 TensorFlow 创建的检查点(checkpoint)和概要(summary)训练神经网络。TensorBoard 可以在接近实时的情况下(在 30s 延迟内)或者在神经网络完成训练后对模型进行可视化操作。

TensorBoard 可以使实验和探索神经网络的过程变得更加容易，而且 TensorBoard 的可视化功能能够伴随神经网络训练的过程一起进行，这一点是非常令人兴奋的。

5. Jupyter Notebook、Pandas 和 NumPy

使用 Python 创建深度学习模型，通常情况下是一个交互式工作的过程。起初是慢慢地开发一个初始模型，最终实现一个结构化软件的构建过程。在这个过程中，经常会使用 3 个 Python 包：Jupyter Notebook、Pandas 和 NumPy。

- Jupyter Notebook 使用 Web 浏览器作为接口创建一个交互式 Python 会话。
- Pandas 是一个用于数据处理和数据分析的包(package)。
- NumPy 常用于数据整合，并执行一些数值方面的计算。

这些包会被偶尔使用，它们不作为系统的一部分，却通常会在处理数据和开始构建模型时使用，所以依然需要详细了解这些组件。表 4-1 列出了创建深度学习环境所需的软件组件。

ⓘ Michael Heydt 的 *Learning Pandas*（由 Packt Publishing 出版，2017 年 6 月版）和 Dan Toomey 的 *Learning Jupyter*（由 Packt Publishing 出版，2016 年 11 月版）均提供了使用这些技术的全面指南，它们可以作为继续学习相关内容的参考书。

表 4-1 创建深度学习环境所需的软件组件

组 件	相 关 描 述	要求的最低版本
Python	一门通用的编程语言，也是一门开发深度学习应用程序领域的流行的编程语言	3.6
TensorFlow	用于图形计算的开源 Python 包，通常用于深度学习系统的开发	1.4
Keras	为 TensorFlow 提供高级接口的 Python 包	2.0.8-tf（和 TensorFlow 一并发布）
TensorBoard	基于浏览器的可视化神经网络统计结果的软件	0.4.0
Jupyter Notebook	基于浏览器和 Python sessions 交互的软件	5.2.1
Pandas	分析数据和操纵数据的 Python 包	0.21.0
NumPy	高性能数值计算的 Python 包	1.13.3

4.2.2 实例：验证软件组件

在开启神经网络的探索之旅前，需要先检验所需的全部软件是否已经安装在计算机上。在这里，我们提供了检验这些组件工作所需的脚本。现在，就让我们花一点时间运行这些脚本，并处理发现的问题。

下面测试本书需要的软件在您的工作环境中是否可用。首先，建议用 Python 自带的模块 venv 创建一个 Python 虚拟环境。虚拟环境用于管理项目之间的依赖关系，建议每个项目都配置自己的虚拟环境。现在创建一个虚拟环境。

ⓘ 如果您更熟悉 conda 环境，那么也可以使用 conda 进行操作。

（1）可以使用以下指令创建和激活 Python 虚拟环境①。

```
$ python3 -m venv venv
$ source venv/bin/activate
```

---

① 译者注：在 Windows 系统 Anaconda 版本的 Python 下，可以使用以下命令创建和激活虚拟环境：conda create -n venv python＝python，版本号为 activate venv。

（2）第 2 个指令用于追加字符串（venv）并显示在命令行的开头。下面的指令介绍了退出虚拟环境的方法。

```
$ deactivate
```

> ⓘ 项目工作时，请确保 Python 虚拟环境处于激活状态。

（3）激活虚拟环境之后，在 requirements.txt 文件上执行 pip 指令，它将尝试在虚拟环境中安装本书使用的软件模块，如果已经安装了这些软件模块，则不做该操作，如图 4-3 所示[①]。

图 4-3　使用 pip 安装 requirements.txt 的依赖集

通过运行以下指令安装依赖集。

```
$ pip install - r requirements.txt
```

这样，我们就安装了系统所需的所有依赖集。如果已经安装但又再次运行了上述安装命令，该命令会给出相关提示。

这些依赖集对于运行本书的所有代码来说都是必不可少的。

最后执行 test_stack.py 命令，该脚本能够检验本书所需的所有包是否都已成功地安装在系统中。

（4）运行脚本 Chapter_4/activity_1/test_stack.py，检验 Python 3、TensorFlow 和 Keras 是否可用，可以使用以下指令完成检验。

```
$ python3 Chapter_4/activity_1/test_stack.py
```

---

① 译者注：requirements.txt 文件记录了当前程序的所有依赖包及其精确版本号，其作用是在另一台计算机上重新构建项目所需要的运行环境依赖。可以通过 pip 命令自动生成和安装相应版本的软件包。找到本书附带的第 4 章代码中的 requirements.txt 文件所在的路径，在相应提示符下输入 pip install -r requirements.txt，可以将该文件中提到的相关代码组件一并安装。

脚本会返回一些有用的信息,告诉您已经安装了哪些软件和还需要安装哪些软件。

(5) 在终端运行以下脚本指令。

```
$ tensorboard --help
```

您会看到一条消息(如图 4-4 所示)解释每个命令的作用。如果您没有看到该消息或者看到错误消息,可以从指导教师那里寻求帮助。

图 4-4　运行 python3 test_stack.py,脚本返回消息,通知所有依赖集都已正确安装

> ℹ️ 如果出现与这条信息类似的警告：Runtime Warning：compile time version 3.5 of module 'tensorflow.python.framework.fast_tensor_util' does not match runtime version 3.6 return f(＊args，＊＊kwds),请不必担心。如果正在运行 Python 3.6,但发布的 TensorFlow 的 wheel 文件是在另一个版本(在本例中是 3.5)下编译的,那么就会出现该信息,可以忽略这条警告信息。

如果已经确认 Python 3、TensorFlow、Keras、TensorBoard 以及列在 requirements.txt 中的其他软件包都已经安装好,那么就可以继续完成实例了。下面将介绍如何训练神经网络,并使用这些工具了解神经网络。

4.2.3　探索一个训练好的神经网络

本节将以一个训练好的神经网络为例,深入了解神经网络,这样做是为了更好地理解神经网络是如何解决现实世界的问题的(识别手写体数字),同时也是为了熟悉 TensorFlow 的 API。在进一步了解神经网络的同时,我们也会看到前面章节中介绍过的许多组件,例如(神经元)节点和层,同时也会看到许多没有介绍过的内容,例如激活函数(activation functions[①]),本书将在后面的章节中介绍这些组件。之后,我们会做一个有

[①] 译者注：指在人工神经网络的神经元上运行的函数,负责将神经元的输入映射到输出端,常见的有 Sigmoid 函数、Tanh 函数、ReLU 函数等。

关如何训练神经网络的练习,并以此为例训练一个类似的神经网络。

我们即将看到的神经网络是一个预训练好的用于对手写体数字(整数)图像进行识别的神经网络,它使用了 MNIST 数据集(http://yann.lecun.com/exdb/mnist/),这是一个经常被用于研究模式识别任务的经典数据集。

1. MNIST 数据集

MNIST(Modifiled National Institute of Standards and Technology)数据集是包含 6 万张图像的训练集和 1 万张图像的测试集,每张图像都是一个手写体的数字,如图 4-5 所示。由美国政府提供的 MNIST 数据集最初是用来测试计算机系统识别手写字体的。如果计算机能成功识别手写体,则将提高邮政服务和税收系统以及政府服务的效率。在当前的研究中,也有一些不同的、更新的数据集(如 CIFAR 数据集)。但是,用 MNIST 数据集理解神经网络的工作原理仍然是非常有用的,因为使用该数据集可以使已知模型具有很高的精确度和效率。

> ⓘ　CIFAR 数据集是一个机器学习数据集,包含不同类别的图像。与 MNIST 数据集不同的是,CIFAR 数据集包含许多不同领域的类,例如动物、活动和对象。CIFAR 数据集可在 https://www.cs.toronto.edu/~kriz/cifar.html 下载。

图 4-5　部分 MNIST 数据集的训练集图像,每张图像是一个单独的 20×20 像素的手写体数字图像,原始数据集可以在 http://yann.lecun.com/exdb/mnist/找到

2. 用 TensorFlow 训练神经网络

现在,让我们用 MNIST 数据集训练一个神经网络,并识别新的数字。

在这个手写体识别的问题上,我们将使用一个特殊的神经网络——卷积神经网络。本书将在后面的章节中更详细地讨论这些问题。我们的神经网络包含 3 个隐藏层: 2 个全连接层和 1 个卷积层。卷积层被以下基于 Python 语言的 TensorFlow 代码段所定义,详见代码段 4-1。

```
W =tf.Variable(
    tf.truncated_normal([5, 5, size_in, size_out],
    stddev=0.1),
    name="Weights")
B =tf.Variable(tf.constant(0.1, shape=[size_out]),
    name="Biases")


convolution =tf.nn.conv2d(input, W, strides=[1, 1, 1, 1],
padding="SAME")
activation =tf.nn.relu(convolution +B)


tf.nn.max_pool(
activation,
ksize=[1, 2, 2, 1],
strides=[1, 2, 2, 1],
padding="SAME")
```

代码段 4-1　定义卷积层

在神经网络训练期间,只需执行一次代码段。

变量 W 和 B 代表权重和偏差,这些变量在隐藏层节点中使用,用于在数据通过神经网络时更改神经网络对数据的解释。神经网络还包含其他变量,但是现在不用考虑。

全连接层被以下 Python 代码段所定义,详见代码段 4-2。

```
W =tf.Variable(
    tf.truncated_normal([size_in, size_out], stddev=0.1),
    name="Weights")
B =tf.Variable(tf.constant(0.1, shape=[size_out]),
    name="Biases")
    activation =tf.matmul(input, W) +B
```

代码段 4-2　全连接层的定义

这里依然有 TensorFlow 的两个变量:权重 W 和偏差 B。可以注意到,这些变量的初始化非常简单:权重 W 被初始化为随机值,这个初始化是通过来自标准差(standard deviation)为 0.1 的被剪枝的高斯分布(使用 size_in 和 size_out 进行剪枝)完成的;而偏差 B 则被初始化为常数 0.1,这两个值会在每次运行时被更改。该代码段被执行了 2 次,产生了 2 个全连接层,其中的一个全连接层将数据传递给了另一个。

这 11 行 Python 代码代表着一个完整的神经网络。本书将在第 5 章中使用 Keras 对每个组件的模型架构进行详细讨论。现在重点是了解神经网络在每次运行时每个层中的 W 和 B 的值是如何改变的,以及这些代码段如何形成不同的神经层,这 11 行代码也是几十年来神经网络研究成果的积累。

现在就让我们开始训练这个网络,并且评估它在 MNIST 手写体数据集中的表现。

3. 训练神经网络

按照以下步骤搭建该练习的相关环境。

(1) 打开两个终端实例(instance)。

(2) 分别进入 chapter_4/activity_2[①] 目录。

(3) 在两个 instance 中,确保 Python 3 虚拟环境处于激活状态,并确认已经安装 requirements.txt 中所列举的所有安装包。

(4) 在其中一个 instance 中执行如下命令启动 TensorBoard。

```
$ tensorboard --logdir=mnist_example/
```

(5) 在另一个 instance 中,在相应路径下运行 train_mnist.py 脚本。

(6) 打开服务。打开浏览器,在 TensorBoard 提供的 URL(及端口)中打开页面。

在运行脚本 train_mnist.py 的终端中可以看到一个进度条,其中包含模型在不同时期的训练情况。打开浏览器页面可以看到一些图表,点击读取 Accuracy(准确率)并放大,刷新页面(或者单击 refresh 按钮)。随着训练次数的增加,会看到随着迭代次数的增加,这个模型的准确率变得越来越高。

这可以解释为什么神经网络在训练过程中能够很早地达到高准确度。

可以看到,在大约第 200 个 epochs(或迭代步数 steps)时,神经网络的准确率超过了 90%。也就是说,网络可以正确地预测测试集中 90% 的手写体数字。在训练到第 2000 步的时候,该神经网络的准确率不断提高,并在这一阶段结束时达到了 97% 的准确率。

现在测试这个神经网络在测试从未使用过的数据时表现如何。使用 Shafeen Tejani 创建的开源网络应用程序测试这个神经网络是否能够正确地识别出我们自己写的手写体数字。

---

① 译者注:原文所述路径为 chapter_4/exercise,似乎与所提供的代码不符,以实际情况为准。

4. 用未见数据测试神经网络的性能

在浏览器中访问 http://mnist-demo.herokuapp.com/，然后在指定的白色方格中写一个 0～9 中的数字（如图 4-6 所示）。

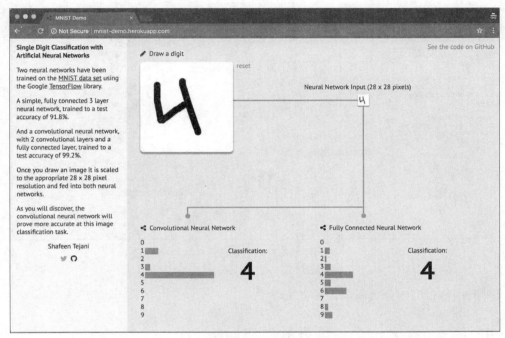

图 4-6　可以手绘数字和测试神经网络准确性的 Web 应用程序

> ⓘ 上述应用程序地址：https://github.com/ShafeenTejani/mnist-demo。

在该应用程序中，可以看到两个神经网络的实验结果。人们训练的那个神经网络（CNN，卷积神经网络）位于左侧。看看它能否识别手写的数字，试着在指定区域的边缘手绘数字，例如试着把数字 1 画在白色区域的右边，如图 4-7 所示。

> ⓘ 在本例中，数字 1 被绘制在绘图区域的右侧，两个神经网络都没有识别出来它应该是 1。

MNIST 数据集中不包含写在边缘的数字图像。由于没有包含处于区域边缘的训练数据，因此这两个神经网络都无法正确识别边缘的数字。如果我们把手写体数字写在更靠近指定区域中心的位置，那么这两个神经网络的识别效果便能够得到一定的改善，这说明神经网络的性能依赖于训练数据。如果用于训练的数据与用于测试的数据相差很大，

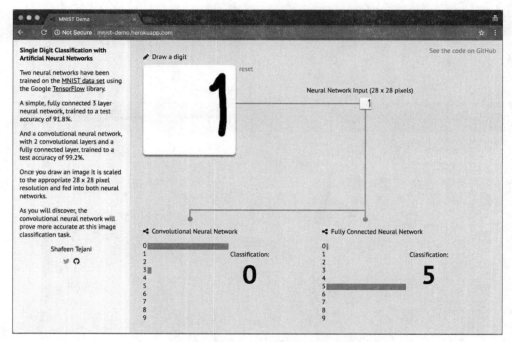

图 4-7　两个神经网络都很难估计区域边缘的值

那么神经网络很可能会出现令人失望的结果。

4.2.4　实例：探索一个训练好的神经网络

本节将探索刚才在练习中训练的神经网络，还会通过改变超参数训练一些其他的神经网络。

在本书配套文件的目录中，以二进制文件的方式提供了已经训练好的神经网络。用 TensorBoard 打开神经网络，了解神经网络的组成。

打开终端，进入本书配套文件的 chapter_4/activity_2 目录下，执行以下指令，启动 TensorBoard（如图 4-8 所示）。

```
$ tensorboard --logdir=mnist_example/
```

现在，在浏览器中打开 TensorBoard 提供的 URL，应该能够看到 TensorBoard 标量页面。

通过 TensorBoard 命令提供的 URL 打开对应的页面，可以看到如图 4-9 所示的 TensorBoard 界面。

现在开始深入了解这个已经训练好的神经网络，看看它是如何工作的。

在 TensorBoard 页面上，单击 **SCALARS** 选项卡，将 **Accuracy** 图放大；然后把

图 4-8　启动 TensorBoard 实例后的终端显示

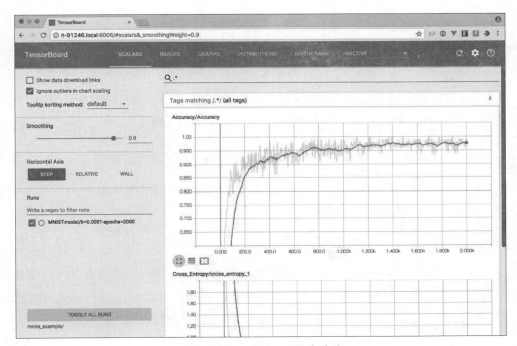

图 4-9　TensorBoard 登录页面

Smoothing 进度条移动到 **0.9**。

　　准确率图（accuracy graph）衡量了神经网络对测试集标签的预测准确率。起初，神经网络对于数据的预测几乎全部错误，这是因为我们只是用随机值初始化了神经网络的权值和偏差，所以其预测尝试只是大致的猜测。然后，神经网络在第二次运行时会更新其神经层的权重和偏差；神经网络将继续通过改变其权重和偏差使每个节点能更好地预测数据，而对于那些对预测造成损失的节点，则会通过惩罚项①逐渐减少其对神经网络的影响（最终达到 0），通过这种方式一步一步地降低损失，提升神经网络的准确率。正如所看到

---

　　①　译者注：加入惩罚项是一种常见的正则化手段，通常将惩罚项加入到损失函数中，以避免过拟合现象的产生。

的,这是一种非常有效的技术,可以迅速产生非常好的预测结果。

现在,让我们把注意力集中在**准确率**(**Accuracy**)的图上,看看这个算法是如何在 1000 步(epochs)之后达到很高的准确率(>95%)的,在 1000～2000 步又会发生什么。

如果继续用更多的训练步数训练,神经网络的预测会变得更精确吗? 当训练步数为 1000～2000 时,神经网络的准确率会继续提高,但提高的幅度在下降。如果用更多的训练步数进行训练,神经网络的精准度可能还会略有改善,但在目前的网络架构下,它不会达到 100% 的准确率。

该脚本是 Google 官方脚本的修改版本,是为了展示 TensorFlow 的工作方式。我们将脚本划分为易于理解的函数,并添加了许多注释以辅助学习,可以通过修改以下变量运行该脚本。

```
LEARNING_RATE = 0.0001
EPOCHS = 2000
```

可以通过修改这些变量的值运行该脚本。例如,尝试将学习率(learning rate)修改为 **0.1**,将步数(epochs)修改为 **100**。现在觉得神经网络的效果如何?

> ℹ 在神经网络中还有许多其他参数可以修改。现在,尝试修改神经网络的训练次数 (epochs)和学习率(learning rate)。您将会注意到,这两种改动都能极大地影响神经 网络的输出。通过改变这两个参数,观察是否可以用当前的体系结构更快地训练这个 神经网络。

可以使用 TensorBoard(可视化)验证训练的神经网络:将初始值乘以 10,将这些参数再修改几次,直到神经网络的性能有所提升为止。这种对神经网络进行调优并找到提升精度的过程,与当今工业应用中用于改进现有神经网络模型的过程是类似的。

4.3 本章小结

本章探索了一个使用 TensorBoard 进行可视化、用 TensorFlow 训练的神经网络。通过修改不同的训练步数和学习率,训练了我们自己的神经网络,让您在训练高性能神经网络上有了一定的实际经验。同时,也让您了解了神经网络的一些局限性。

您认为人们能用真实的比特币(Bitcoin)数据达到同样的精度吗? 本书将在第 5 章尝试使用一种通用的神经网络算法预测未来的比特币价格。本书在第 6 章将进一步评估和改进模型,最后在第 7 章将通过 HTTP API 创建一个用于预测系统的程序。

第 5 章

模型体系结构

基于第 4 章中的基本概念，现在看一个实际问题：能否使用深度学习的模型预测比特币的价格？本章将介绍如何构建一个基于深度学习的模型以预测比特币的价格。本章结束时，将把所有模型组件组合在一起，初步构建一个完整的深度学习应用程序。

本章结束时，您将能够：
- 为深度学习模型准备数据；
- 选择正确的模型架构；
- 使用 Keras（一个 TensorFlow 抽象库）；
- 用经过训练的模型进行预测。

5.1 选择合适的模型体系结构

基于深度学习的研究是一项充满活力的研究。除此之外，研究人员也致力于开发新的神经网络体系结构。这些体系结构既可以解决新问题，也可以提高以前实现的体系结构的性能。本节内容将从新的体系结构和过去实现的体系结构两个方面展开。

早期实现的体系结构已经解决了大量问题，并且在开始新项目时也通常被作为合适的体系结构。较新的体系结构在特定问题上取得了巨大成功，但很难推广。有趣的是，新的体系结构可以作为下一步探索的参考，但在开始一个工程项目时，它却并不是适宜的选择。

5.1.1 常见的体系结构

考虑到体系结构的多样性，目前有两种流行的体系结构，即**卷积神经网络**（Convolutional Neural Networks，CNN）和**递归神经网络**（Recurrent Neural Networks，RNN），许多应用程序是基于它们实现的，它们都是基础的神经网络，并且都可以作为大多数项目的基础。本章还会介绍另外三个网络（出于它们在该领域的相关性）：**长短期记忆网络**（Long-Short Term Memory，LSTM，一种 RNN 变体）、**对抗生成网络**（Generative

Adversarial Networks，GAN）和**深度强化学习**（Deep Reinforcement Learning）。这三种体系结构在解决现实问题时取得了巨大成功，但使用起来有些困难。

1. 卷积神经网络

卷积神经网络已经因处理类似网格结构的问题而声名狼藉[①]，它最初是用来分类图像的，但在许多其他领域，例如从语音识别到自动驾驶，它们都得到了应用。

CNN 的本质是将密切相关的数据作为训练过程的一个要素，而不仅仅是单个数据输入，这种思想在图像方面尤其有效。在图像中，一个像素右侧的邻近像素也与该像素相关，因为它们共同构成了又一个更大的组合。在这种情况下，该组合就是神经网络训练预测的内容。因此，将几个像素组合在一起考虑比单独使用单个像素处理要更好一些。

图 5-1 所示过程的数学表示称为**卷积**（**convolution**）。

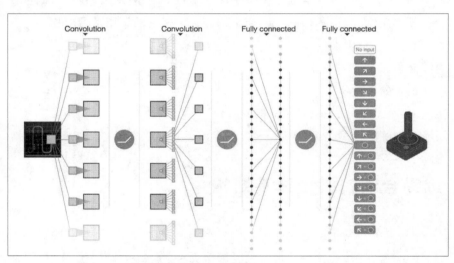

图 5-1   卷积过程图解（图片来源：Volodymyr Mnih 等）

> ⓘ 如果想了解更多信息，请参阅《自然》杂志于 2015 年 2 月发表的题为 *Human-level control through deep reinforcement learning* 的文章，详见：https://storage.googleapis.com/deepmind-media/dqn/DQNNaturePaper.pdf。

2. 递归神经网络

卷积神经网络与一组输入一起工作，这些输入不断地更新网络各个层和节点的权重和偏差。这种方法的局限性是：在确定如何改变网络的权重和偏差时，其架构忽略了这

---

①   译者注：此句为原文直译。其实，卷积神经网络在很多应用场合的性能是不错的。

些输入的顺序。

递归神经网络就是为了解决这个问题而提出的。RNN 旨在处理序列数据,这意味着在每个 epoch 中,每层都会受到前几层输出的影响。在给定的序列中,先前观察的记忆会在后验观察的评估中起作用。

由于上述问题具有时序性,因此 RNN 在语音识别中得到了成功的应用。此外,RNN 也用于翻译问题。Google 翻译目前所用的算法 **Transformer** 就使用了 RNN,即将文本从一种语言翻译成另一种语言。

> ⓘ 如果想了解更多信息,请参阅 Google Research Blog 上由 Jakob Uszkoreit 于 2017 年 8 月发表的题为 *Transformer*:*A Novel Neural Network Architecture for Language Understanding* 的文章,详见:https://ai.googleblog.com/2017/08/transformer-novel-neural-network.html。

如图 5-2 所示,根据单词出现在句子中的位置,英语单词与法语单词是相关的,因此 RNN 在语言翻译问题中非常流行。

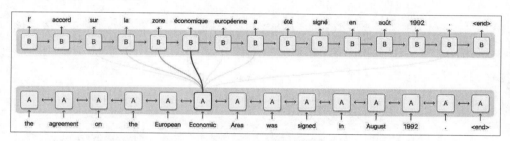

图 5-2 distill.pub 图解(图片来源:https://distill.pub/2016/augmented-rnns/)

长-短期记忆网络是为解决梯度消失问题而创建的 RNN 变体。梯度消失问题是由距离当前步骤较远的记忆单元所引起的,且某些记忆单元由于距离较远而导致其接受的权重较低。LSTM 是 RNN 的变体,其包含一种称为**遗忘门**(forget gate)的记忆单元,该组件可用于评估近期元素和旧元素对权重和偏差的影响,具体取决于序列中观察点的位置。

> ⓘ 有关 LSTM 的详细信息请参阅 Sepp Hochreiter 和 Jürgen Schmidhuber 在 1997 年首次提出的 LSTM 架构。目前,LSTM 架构的实现已经进行了多次修改。关于 LSTM 的每个组件的工作原理的详细数学解释,建议参考 2015 年 8 月由 Christopher Olah 撰写的题为 *Understanding LSTM Networks* 的文章,详见:http://colah.github.io/posts/2015-08-Understanding-LSTMs/。

3. 对抗生成网络

对抗生成网络是由 Ian Goodfellow 及其蒙特利尔大学的同事于 2014 年发明的。GAN 认为，与其用一个神经网络优化权重和偏差以使其误差最小化，不如建立两个相互博弈的神经网络以达到同样的目的。

> ℹ️ 有关 GAN 的详细信息请参阅 Ian Goodfellow 等人于 2014 年 6 月 10 日在 arXiv 上发表的题为 *Generative Adversarial Networks* 的文章。详见：https://arxiv.org/abs/1406.2661。

GAN 有一个用于生成新数据（即"假"数据）的网络（即生成网络）和一个评估网络生成的数据的"真或假"可能性的网络（即辨别网络）。两种网络不断学习并互相博弈：一个网络学习如何更好地生成"假"数据；另一个网络学习如何区分得到的数据的真假。当评估生成数据的网络（即辨别网络）不再能够区分数据的"真假"时，两个网络将在每个 epoch 中都进行迭代，直至两者都收敛。

GAN 已经成功应用于数据具有明确拓扑结构的领域。GAN 最初实现的是生成物体、人脸和动物的合成图像，并且这些图像都与这些事物的真实图像相似，如图 5-3 所示。图像生成是 GAN 最常用的领域，但在研究论文中，GAN 在其他领域的应用也会偶尔出现。

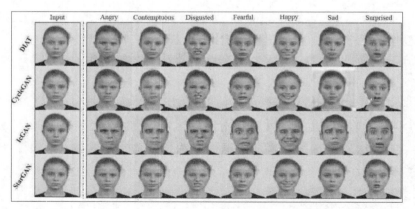

图 5-3　基于给定情感的不同 GAN 算法在改变人的面部表情方面的效果图

（图片来源：StarGANs Project，详见：https://github.com/yunjey/StarGAN）

4. 深度强化学习

最初的深度强化学习（Deep Reinforcement Learning，DRL）体系结构是由位于英国的 Google 公司旗下的人工智能研究机构的 DeepMind 提出的。

DRL 网络的核心思想是：神经网络在本质上是无监督的，是从反复试验中学习的，并且只对激励函数进行优化。也就是说，不同于其他神经网络（它们使用有监督的方法优化预测的错误，而不是已知的正确方法），DRL 网络不知道解决问题的正确方法。神经网络被简单地赋予了一个系统的规则，然后它在每次正确执行一个函数后都会得到奖励。这个过程需要大量的迭代，最终由于它在许多任务中的卓越表现而使训练网络脱颖而出。

> ℹ️ 更多有关信息，请参阅在《自然》上由 Volodymyr Mnih 等人于 2015 年 2 月发表的题为 *Human-level control through deep reinforcement learning* 的文章，详情请见：https://storage.googleapis.com/deepmind-media/dqn/DQNNaturePaper.pdf。

深度强化学习模型在 DeepMind 创建了 AlphaGo（一个比专业玩家玩游戏玩得还好的系统）之后逐渐流行起来。DeepMind 还创建了 DQN 算法，可以学习如何完全依靠自己并以超人的水平玩电子游戏，如图 5-4 和表 5-1 所示。

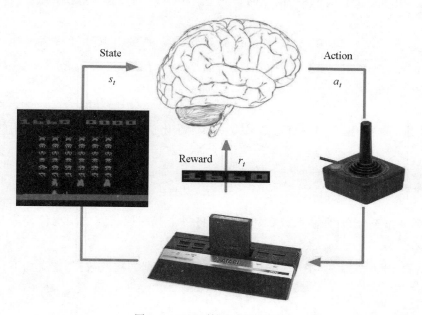

图 5-4　DQN 算法工作方式图

> ℹ️ 更多有关信息，请参阅 DeepMind 所创建的用来击败 Atari 游戏的 DQN 算法，该算法采用一种深度强化学习解决方案以不断增加其奖励。图片来源：https://keon.io/deep-q-learning/。

表 5-1   不同的神经网络体系结构在不同的应用领域都取得了成功，
采用的神经网络的体系结构通常与当前问题的结构有关

结　　　构	数 据 结 构	成 功 应 用
卷积神经网络(CNN)	网格状拓扑结构(即图像)	图像识别和分类
递归神经网络(RNN)和长短期记忆网络(LSTM)	序列数据(即时间序列数据)	语音识别、文本生成和翻译
生成对抗网络(GANs)	网格状拓扑结构(即图像)	图像生成
深度强化学习(DRL)	规则清晰、激励函数明确的系统	电子游戏和自动驾驶

5.1.2　数据标准化

在构建深度学习模型之前，还需要进行数据标准化。

数据标准化是机器学习系统中的一种常见做法，特别是在神经网络方面。研究人员提到，对于训练 RNN 和 LSTM 的神经网络来说，数据标准化是一项十分重要的技术，因为它减少了网络的训练时间并提高了网络的整体性能。

> 有关更多信息，请参阅 Sergey Ioffe 等人于 2015 年 3 月发表于 *arXiv* 上的题为 *Batch Normalization: Accelerating Deep Network Training by Reducing Internal Covariate Shift* 的文章。详见：https://arxiv.org/abs/1502.03167。

应当根据不同数据和问题决定采用哪一种标准化技术，下面介绍一些常用的标准化技术。

1. Z-score 标准化[①]

当数据呈正态分布(即高斯分布)时，可以将每个观测值之间的距离计算为与其平均值的标准差。

Z-score 标准化方法适用于含有超出取值范围的数据的离散数据，定义如下：

$$z_i = \frac{x_i - \mu}{\sigma}$$

其中，x_i 是第 i 个观测值，μ 是平均值，σ 是总体标准差。

---

① 译者注：有的文献称之为零-均值规范化、标准差标准化。经过处理的数据均值为 0，标准差为 1，它描述的是"给定数据距离其均值有多少个标准差"，在均值上的数据会得到一个正的标准化分数，反之则会得到一个负的标准化分数。引自：https://blog.csdn.net/weixin_38706928/article/details/80329563。

> ℹ️ 有关更多信息,请参阅 Wikipedia 中题为 *Standard score* 的文章,详见:https://en.wikipedia.org/wiki/Standard_score。

2. Point-Relative 标准化

这种标准化方法是计算给定的观测值相对于序列的第一个观测值的差异,它对于确定与起点相关的趋势很有用。Point-Relative 标准化的定义如下。

$$n_i = \left(\frac{O_i}{O_0}\right) - 1$$

其中,O_i 是第 i 个观测值,O_0 是该序列的第一个观测值。

> ℹ️ Siraj Raval 在其名为 How to Predict Stock Prices Easily Intro to Deep Learning #7 的视频中介绍了相关内容,视频可在 YouTube 上获取:https://www.youtube.com/watch?v=ftMq5ps503w。

3. Min-Max 标准化[①]

Min-Max 标准化方法计算的是给定观测值与序列中的最大值和最小值之间的距离,其在处理最大值和最小值不是异常值以及对于将来的预测很重要的序列时非常有用。

Min-Max 标准化的定义如下。

$$n_i = \frac{o_i - \min(\boldsymbol{O})}{\max(\boldsymbol{O}) - \min(\boldsymbol{O})}$$

其中,o_i 是第 i 个观测点,$\boldsymbol{O}$ 表示具有所有 $\boldsymbol{O}$ 值的向量,函数 $\min(\boldsymbol{O})$ 和 $\max(\boldsymbol{O})$ 分别表示该序列中的最小值和最大值。

本书将在 5.1.4 节的实例"探索比特币数据集以及为模型准备数据"中准备可用的比特币数据,以便在 LSTM 架构下使用。实例中包括选择必要变量、选择相关的时间段以及采用 Point-Relative 标准化技术。

5.1.3　构建您的问题

与研究人员相比,在开始一个新的深度学习项目时,实践人员往往花费更少的时间决定选择哪种体系结构。在开发这类系统时,最重要的考虑因素是获取能够正确表示给定问题的数据,其次是理解数据集的固有偏差和局限性。

---

① 译者注:有的文献称之为最小-最大标准化方法,这是一种将原始数据线性化转换到[0,1]的方法。

在开发深度学习系统时,请考虑以下问题,如图5-5所示。

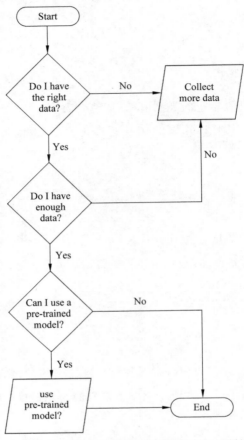

图 5-5　在深度学习项目开始时要做的关键反思问题的决策树

- **我有正确的数据吗**? 这是训练深度学习模型时面临的最大挑战。使用数学规则定义问题,使用精确的定义将问题划分为类别(分类问题)或连续值测度问题(回归问题)。那么,应该如何收集这些测度的数据呢?
- **我有足够多的数据吗**? 通常情况下,深度学习算法在大型数据集中的表现要比在较小的数据集中的表现好得多。需要了解训练高性能算法所需的数据量,当然这取决于尝试解决的问题类型,但目标还是尽可能多地收集数据。
- **我可以使用一个预先训练过的模型吗**? 如果您正在处理的问题属于一般应用程序的一部分(在同一领域中),那么请考虑优先使用训练好的模型。训练好的模型可以帮助您在解决问题的特殊模式方面领先一步,而不是让模型使用整个领域更通用的特征,可以从 TensorFlow 官方的 Github 库(https://github.com/tensorflow/models)入手。

在某些情况下,数据可能根本无法获得。根据具体的情况,可以使用一系列技术有效地从输入数据中创建更多的数据,这一过程被称为**数据增强**(data augmentation),数据增强技术在处理图像识别问题时得到了成功应用。

> 这里有一篇很好的参考文章——*Classifying plankton with deep neural networks*,详见 http://benanne.github.io/2015/03/17/plankton.html。为了增加该模型的训练样本数,文章的作者给出了一系列扩充少量图像数据的技术。

5.1.4 实例:探索比特币数据集,为模型准备数据

下面使用一个最初从 CoinMarketCap 网站上检索到的公共数据集,CoinMarketCap 是一个跟踪不同加密货币的统计数据的网站,该数据集会同本章内容一起提供给读者,以供使用。

我们将继续使用 Jupyter Notebook 对数据集进行探索。Jupyter Notebook 通过 Web 浏览器提供 Python 会话,它允许用户以交互的方式处理数据。Jupyter Notebook 是探索数据集的流行工具,我们将在本书的所有实例中使用它。

打开终端,导航到本书配套文件目录的 Chapter_5/activity_3,并执行以下命令以启动 Jupyter Notebook 实例。

```
$ jupyter notebook
```

在浏览器中打开应用程序提供的 URL,应该能够在文件系统中看到一个带有许多目录的 Jupyter Notebook 页面,如图 5-6 所示。

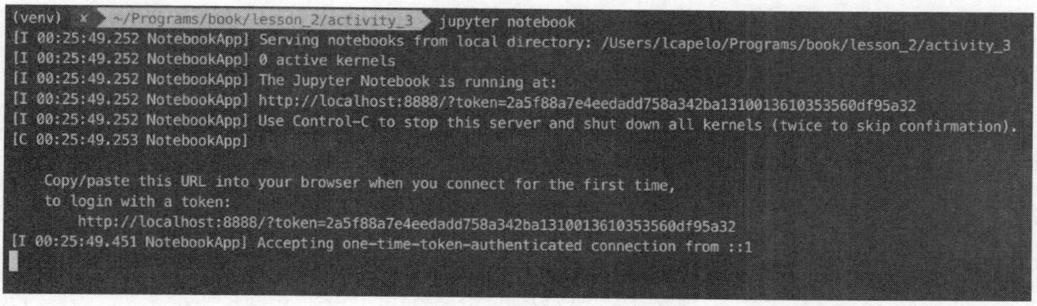

图 5-6 启动一个 Jupyter Notebook 实例后的终端图像。导航到浏览器中的 URL 显示,
应该能够看到 Jupyter Notebook 的登录页面

导航到目录,单击文件 Activity_3_Exploring_Bitcoin_Dataset.ipynb。这是一个 Jupyter Notebook 文件,它将在一个新的浏览器选项卡中被打开,如图 5-7 和图 5-8 所示。应用程序将自动为用户启动一个新的 Python 交互式会话。

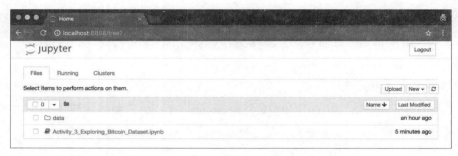

图 5-7　Jupyter Notebook 实例的登录页面

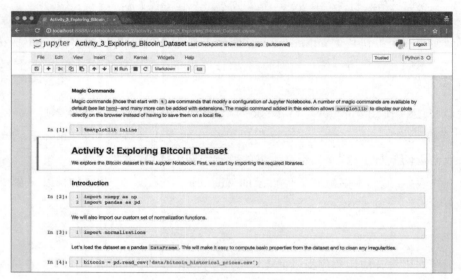

图 5-8　Notebook 中的 Activity_Exploring_Bitcoin_Dataset.ipynb 图。
现在可以与该 Notebook 互动,并进行修改

打开 Jupyter Notebook 后,即可开始探索本章提供的比特币数据。

数据集(data/bitcoin_historical_prices.csv)包含自 2013 年以来比特币价格的测度结果。最近的一次观察(observation)是 2017 年 11 月,数据集来自每日更新的在线服务网站 CoinMarketCap。该数据集包含 8 个变量(如表 5-2 所示),其中 2 个变量(date 和 iso_week)描述数据的时间段,可以用作索引;还有另外 6 个变量(open、high、low、close、volume 和 market_capitalization),可以用来了解比特币的价格和其价值随时间的变化情况。

表 5-2　比特币历史价格数据集中的可用变量

变　量	描　述
date	观察日期
iso_week	给定年份的周数
open	一枚比特币的公开价值

续表

变　量	描　述
high	指定某天内达到的最高价值
low	指定某天内达到的最低价值
close	交易日结束时的价值
volume	当天交换的比特币总量
market_capitalization	市值,以市值＝价格×流通供给定义

　　现在,让我们使用打开的 Jupyter Notebook 实例探索其中两个时序变量：close 和 volume。我们将从这些时间序列变量开始探索比特币的价格波动模式。

　　导航到打开的 Jupyter Notebook 中的 Activity_3_Exploring_Bitcoin_Dataset.ipynb 实例。现在执行标题简介下方的所有单元格,导入所需的 Python 库并将数据集导入内存。

　　将数据集导入内存后导航到 Exploration 小节。在这里将会发现一段代码,这段代码会为 close 变量生成一个时间序列图(如图 5-9 所示)。那么我们是否也能为 volume 变量生成相同的图呢？

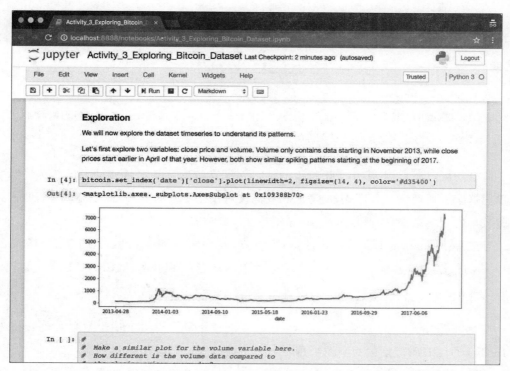

图 5-9　根据 close 变量得到的比特币收盘价格时间序列图。在此图下面的新单元格中可使用 volume 单元格复现此图

　　注意,这两个变量在 2017 年都出现了激增,这反映了当前比特币的价格从 2013 年以

来一直在不断增长,如图 5-10 和图 5-11 所示。

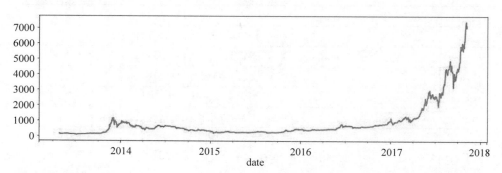

图 5-10　比特币收盘价(以美元计)。注意,2013 年年底和 2014 年年初出现了一个较早的峰值。另外,
　　　　请注意自 2017 年年初至近期的价格是如何飙升的

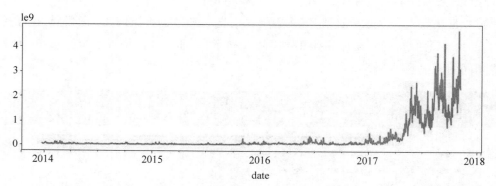

图 5-11　比特币交易量(以美元计)表明,从 2017 年开始,比特币在市场上的交易量大幅增加。
　　　　每日总成交量与每日收盘价相差甚远

此外还可以注意到,多年来比特币的价格并没有像近几年那样波动。虽然神经网络可以用这些周期理解某些模式,但考虑到我们仅对预测不久的未来的价格感兴趣,我们将排除较早的观察结果,因此仅过滤 2016 年和 2017 年的数据。

导航到 Preparing Dataset for Model 一节,我们将使用 Pandas API 对 2016 年和 2017 年的数据进行过滤。Pandas 提供了一个直观的 API 以执行此操作,即

```
bitcoin_recent =bitcoin[bitcoin['date'] >='2016-01-01']
```

变量 bitcoin_recent 现在具有了原始比特币数据集的副本,但此副本过滤出的是 2016 年 1 月 1 日及之后的观察结果。

最后一步使用 5.1.2 节中介绍的 Point-Relative 标准化技术标准化我们的数据。我们只会标准化 close 和 volume 变量,因为这两个变量是我们正在预测的变量。

在本章的同一目录中有一个名为 normalizations.py 的脚本,该脚本包含本章描述的三种标准化技术。将该脚本导入 Jupyter Notebook,并将这些函数应用到序列中,如图 5-12 所示。

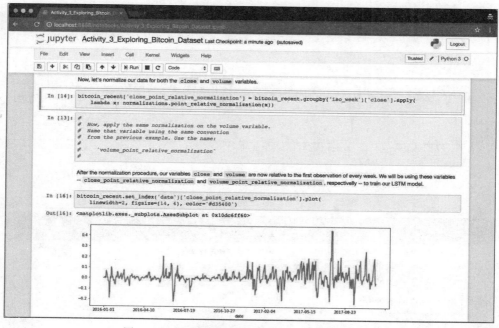

图 5-12 应用标准化函数的 Jupyter Notebook 图

导航到 Preparing Dataset for Model 一节。现在,使用 iso_week 变量并采用 Pandas 的 groupby() 方法对给定一周的所有观察结果进行分组。现在可以将标准化函数 normalizations.point_relative_normalization() 直接应用于该周内的序列。使用以下方法将该标准化的输出作为一个新变量存储在相同的 Pandas DataFrame 中。

```
bitcoin_recent ['close_point_relative_normalization'] =
    bitcoin_recent.groupby('iso_week')['close'].apply(
    lambda x: normalizations.point_relative_normalization(x))
```

变量 close_point_relative_normalization 现在包含了变量 close 的标准化数据。对变量 volume 做同样的操作。

标准化的 close 变量在每周的序列中都包含一个有趣的方差模式,如图 5-13 所示,我们将使用该变量训练 LSTM 模型。

为了评估模型的性能,需要通过一些不同的数据测试其准确性。我们将通过创建两个数据集做到这一点:一个训练集和一个测试集。此实例将使用 80% 的数据集训练 LSTM 模型,使用 20% 的数据集评估其性能。

鉴于数据是连续的并且是时间序列的形式,我们使用以周为单位进行分组后的后 20% 的数据集作为测试集,并将前 80% 的数据集作为训练集,如图 5-14 所示。

最后,导航到 Storing Output 一节,将过滤出的变量保存到本地,代码如下所示。

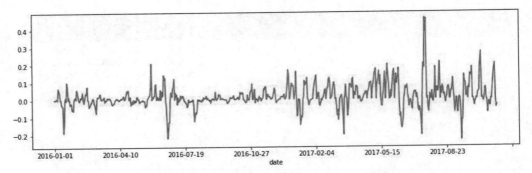

图 5-13   从标准化变量 close_point_relative_normalizaation 中获得的序列图

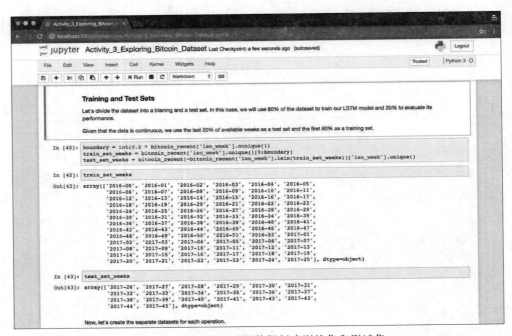

图 5-14   使用分组后的数据创建训练集和测试集

```
test_dataset.to_csv('data/test_dataset.csv', index=False)
train_dataset.to_csv('data/train_dataset.csv', index=False)
bitcoin_recent.to_csv('data/bitcoin_recent.csv', index=False)
```

本节探索了比特币数据集,为深入学习模型做好了准备。

我们了解到,2017年比特币的价格飙升,这种现象需要很长时间才会发生,而且可能受到许多外部因素的影响,但这些外部因素是现有的数据无法解释的(例如其他加密货币的出现)。我们还使用了 Point-Relative 标准化技术处理每周的比特币数据块,这样做是为了训练一个 LSTM 网络以了解每周比特币价格变化的模式,从而预测未来一整周的比特币价格。但是,据比特币价格统计数据显示,其每周都会有很大的波动,那么我们能否预测未来比特币的价格呢？

7 天后的比特币价格会是多少？我们将在 5.2.2 节使用 Keras 构建一个深度学习模型并继续探讨这个问题。

5.2 使用 Keras 作为 TensorFlow 接口

本节重点介绍 Keras。使用 Keras 是因为它将 TensorFlow 接口简化为了一般抽象实例。在后端，计算仍然是在 TensorFlow 中执行的，且图形也仍然是使用 TensorFlow 组件构建的，但是界面要简单得多，这样就可以花费很少的时间关注单个组件（例如变量和操作），将更多的时间花费在把网络构建成计算单元上。在不同的体系结构和超参数下，Keras 使得实验进行得非常容易，从而可以更快地向高性能化的解决方案迈进。

从 TensorFlow 1.4.0（发布于 2017 年 11 月）开始，Keras 已正式与 TensorFlow 一起集成为 tf.keras，这表明现在 Keras 已与 TensorFlow 紧密融合，并且在很长的一段时间内都可能继续被作为开源工具使用。

5.2.1 模型组件

正如第 4 章所介绍的那样，LSTM 网络也有输入层、隐藏层和输出层。每个隐藏层都有一个激活函数，用于评估该层的相关权重和偏差。神经网络将数据从一个层顺序地移动到另一个层，并在每次迭代（即一个 epoch）时通过输出评估结果。

Keras 提供了代表每个组件的直观类，如表 5-3 所示（Keras 提供了直观的类以表示每个组件）。

表 5-3 **Keras API 中关键组件的描述**（我们将使用这些组件构建一个深度学习模型）

组　　　件	Keras 类
完整序贯神经网络的高级抽象	keras.models.Sequential()
密集（全连接）层	keras.layers.core.Dense()
激活函数	keras.layers.core.Activation()
LSTM 递归神经网络。此类包含此架构独有的组件，其中大部分都是由 Keras 抽象的	keras.layers.recurrent.LSTM()

Keras 的 keras.models.Sequential() 代表一个完整的序列神经网络，该 Python 类可以被单独实例化，然后再将其他组件添加到其中。

此时，构建一个 LSTM 神经网络引起了我们的注意，因为该类神经网络具有良好的时序性，而时间序列是一种序列数据。使用 Keras，完整的 LSTM 网络将按以下方式实现，如代码段 5-1 所示。

```
from keras.models import Sequential
from keras.layers.recurrent import LSTM
from keras.layers.core import Dense, Activation

model =Sequential()

model.add(LSTM(
    units=number_of_periods,
    input_shape=(period_length, number_of_periods)
    return_sequences=False), stateful=True)
model.add(Dense(units=period_length))
model.add(Activation("linear"))
model.compile(loss="mse", optimizer="rmsprop")
```

代码段 5-1　使用 Keras 的 LSTM 实现

该实现将在第 6 章进一步优化。

Keras 使人们能聚焦于那些使深度学习系统变得更高效的关键元素，例如：神经网络组件的正确顺序是什么；神经网络包含多少层和节点；使用哪种激活函数。这些问题都是由组件添加到实例化的 keras.models.Sequential() 类的顺序或传递给每个组件实例化的参数（即 Activation("linear")）所决定的。最后，model.compile() 使用 TensorFlow 组件构建神经网络。

建立网络后，使用 model.fit() 方法训练我们的网络，这样做将生成一个训练好的模型，并可用于预测，如代码段 5-2 所示。

```
model.fit( X_train, Y_train , batch_size=32 , epochs=epochs)
```

代码段 5-2　model.fit()方法

变量 X_train 和 Y_train 分别用于训练模型的数据集和评估损失函数的较小数据集（即测试网络预测数据的能力）。

最后，可以使用 model.predict() 方法进行预测，如代码段 5-3 所示。

```
model.predict(x=X_train)
```

代码段 5-3　model.predict()用法

前面的步骤概述了使用 Keras 处理神经网络模型的范例。尽管可以通过不同的方式处理不同的体系结构，但 Keras 通过使用网络体系结构（network architecture）、拟合（fit）、预测（predict）这三个组件简化了使用不同体系结构的接口，如图 5-15 所示。

Keras 允许在每个步骤中增加更多的操控，目的是使用户尽可能容易地在最短的时

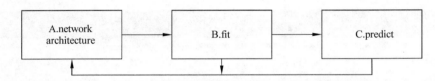

图 5-15　Keras 神经网络范例（A：设计神经网络架构；B：训练神经网络；C：做出预测）

间内创建神经网络。这意味着我们可以从一个简单的模型开始，然后为上面的每个步骤增加复杂性，以使初始模型表现得更好。

我们将在接下来的章节和实例中利用这一范例。在下一个实例中，我们将尽可能地创建最简单的 LSTM 网络。然后，第 6 章将不断对该模型进行评估和修正，以使其更加健壮和高效。

5.2.2　实例：使用 Keras 创建 TensorFlow 模型

本实例将使用 Keras 创建一个 LSTM 模型。

Keras 充当低层程序（在本例中，它是 TensorFlow）的接口。当我们使用 Keras 设计神经网络时，该神经网络被编译为一个 TensorFlow 的计算图[①]。

首先，进入 Activity_4_Creating_a_TensorFlow_Model_Using_Keras.ipynb 的 Jupyter Notebook 中打开实例，如图 5-16 所示。现在，执行标题为 **Building a Model** 下的所有单元格。在该部分中，我们构建了第一个 LSTM 模型，用于参数化两个值：训练观察的输入大小（以 1 天为计量单位）和预测时期的输出大小（以一周 7 天为计量单位）。

使用标题为 Activity_4_Creating_a_TensorFlow_Model_Using_Keras.ipynb 的 Jupyter Notebook 构建一个与"模型组件"一节相同的模型，并且参数化输入和输出的周期长度，以便进行实验。

编译模型结束后，继续将该模型作为 h5 文件存储在本地。将模型的不同版本存储在本地是一种很好的做法，这样做可以将模型架构的不同版本与其预测功能（predictive capability）一起保存。

现在，我们的工作仍然在这个 Jupyter Notebook 上进行，导航到标题为 **Saving Model** 的部分，使用以下命令存储模型。

```
model.save('bitcoin_lstm_v0.h5')
```

模型 bitcoin_lstm_v0.h5 尚未经过训练。在未训练的情况下保存模型，只能保存模型的架构，之后可以使用 Keras 的 load_model( )函数加载该模型，代码如下所示。

①　译者注：使用 TensorFlow 编写的程序主要分为两个部分：一个是构建计算图，另一个是执行计算图。

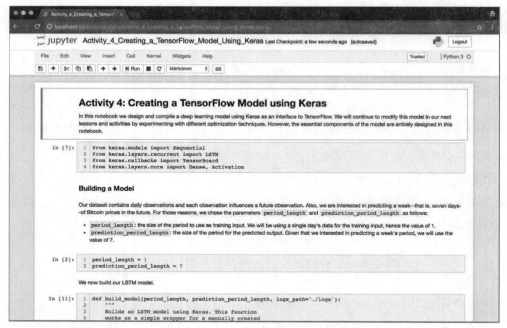

图 5-16　Jupyter Notebook 中的 Activity_4_Creating_a_TensorFlow_Model_Using_Keras.ipynb

```
1 model = keras.models.load_model('bitcoin_lstm_v0.h5')
```

> ℹ 加载 Keras 库时可能会遇到以下警告：Using TensorFlow backend. Keras can be configured to use an other backend instead of TensorFlow（that is，Theano）。为了避免此消息的出现，可以创建一个名为 keras.json 的文件并在其中配置其后端。该文件的配置取决于用户的系统。所以建议用户在 https://keras.io/backend/ 上访问 Keras 关于该问题的官方说明文档。

本节介绍了如何使用 TensorFlow 的接口 Keras 构建深度学习模型，也研究了 Keras 的核心组件，并使用这些组件构建基于 LSTM 模型的比特币价格预测系统的第 1 版。

5.2.3 节将讨论如何将本章中的所有组件组合到一个（几乎完整的）深度学习系统中，该系统将产生第一个预测，我们将此预测作为未来改进的起点。

5.2.3　从数据准备到建模

本节将重点介绍深度学习系统的实现，将使用 5.1 节中的比特币数据和 5.2 节中的 Keras 知识，并将这两个部分组合在一起。本节将构建一个软件系统，从本地读取数据并将其"拟合"给模型。

5.2.4 训练神经网络

训练神经网络可能需要花费很长时间,许多因素都会影响该过程。其中,以下 3 个因素通常被认为是影响最大的因素。

- 神经网络的体系结构;
- 神经网络中层和神经元的数量;
- 神经网络在训练过程中使用的数据的数量。

其他因素也可能会极大地影响网络训练所需的时间,但神经网络在处理业务问题时要进行的大部分优化问题还是来自于以上 3 个因素。

这里将使用 5.2.3 节中的标准化数据。回想一下,我们已经将训练数据存储在一个名为 train_dataset.csv 的文件中,如图 5-17 所示。为了便于研究问题,我们使用 Pandas 将该数据集加载到内存中。

```
import pandas as pd
train =pd.read_csv('data/train_dataset.csv')
```

	date	iso_week	close	volume	close_point_relative_normalization	volume_point_relative_normalization
0	2016-01-01	2016-00	434.33	36278900.0	0.000000	0.000000
1	2016-01-02	2016-00	433.44	30096600.0	-0.002049	-0.170410
2	2016-01-03	2016-01	430.01	39633800.0	0.000000	0.000000
3	2016-01-04	2016-01	433.09	38477500.0	0.007163	-0.029175
4	2016-01-05	2016-01	431.96	34522600.0	0.004535	-0.128961

图 5-17 从 train_dataset.csv 文件加载的训练集的前 5 行

我们将使用变量 close_point_relative_normalization 中的序列,这是自 2016 年以来比特币收盘价(变量 close 的值)经标准化后的序列。

变量 close_point_relative_normalization 每周进行一次标准化。本周时间段内的每次观察都与该时间段第一天收盘价的变化相关。在这里,标准化步骤是非常重要的,它可以更快地训练我们的神经网络,如图 5-18 所示。

5.2.5 调整时间序列数据维度

神经网络通常与向量(vectors)和张量(tensors)一起使用,这两个数学对象都以多个维度调整数据。在 Keras 中实现的每个神经网络都有一个向量或一个张量,该向量或张量在按照规范进行组织后将作为输入。首先,将数据调整为给定神经层所期望的格式是一件很令人困惑的事情。为避免混淆,建议从尽可能少的组件开始,然后逐步添加组件。Keras 的官方文档中的 **Layers** 一节下方的内容对于了解每种层的要求至关重要。

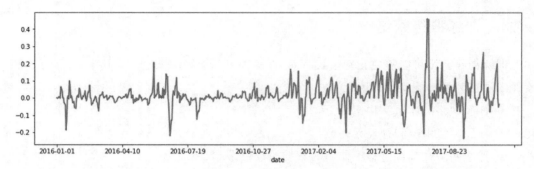

图 5-18　从标准化变量 close_point_relative_normalization 中获得的序列,此变量将用于训练 LSTM 模型

> ⓘ　Keras 官方文档的地址为 https://keras.io/layers/core/,该链接将直接跳转到 Layers 部分。

> ⓘ　NumPy 是一个用于数值计算的流行的 Python 库。深度学习领域使用 NumPy 对向量和张量进行操作,从而为深度学习系统做好准备。特别是在为深度学习模型调整数据时,numpy.reshape()方法非常重要。NumPy 数组其实是类似于向量和张量的 Python 对象,深度学习模型允许对其进行操作。

现在按周分配 2016 年和 2017 年的变量 close_point_relative_normalization 的价格。我们创建了不同的组,每组包含 7 个观察值(一周中每天一个),总共 77 周。

这样做的目的是预测一周交易的价格。

> ⓘ　采用国际化标准组织(ISO)的标准确定一周的开始时间和结束时间。也可以采用其他类型的组织的标准,但是采用 ISO 标准更简单直观,而且有一定的改进空间。

LSTM 网络使用三维张量,这三个维度中的每一个都代表网络的一个重要属性,这三个维度如下。

- **时间段长度**:即一个时间段内的观察数量。
- **时间段数**:数据集中可用时间段的数量。
- **特征数**:数据集中可用的特征数量。

变量 close_point_relative_normalization 的数据目前是一个一维向量,我们需要对其维度进行调整以匹配以上三个维度。

我们将以一周为时间周期段。因此,时间段长度是 7 天(时间段长度 period length=7),数据中有 77 个完整的周。我们将在训练期间使用最后一个星期测试模型,这就使得我们还有 76 个不同周,即周期数为 76(number of periods=76)。最后在此网络中使用单个特征,即特征数为 1(number of features=1),未来的版本将包含更多的特征。

那么如何调整数据以匹配这些维度呢?可以组合使用 Python 的基本属性和 NumPy 库中的 reshape()。使用 Python 创建 76 个不同的周组(每组 7 天),如代码段 5-4 所示。

```
group_size =7
samples =list()
for i in range(0, len(data), group_size):
    sample =list(data[i:i +group_size])
    if len(sample) ==group_size:
        samples.append(np.array(sample).reshape(group_size, 1).tolist())

data =np.array(samples)
```

代码段 5-4 创建不同周组的 Python 代码片段

生成的变量数据是包含所有正确维度的变量。Keras 的 LSTM 层希望这些数据的维度按照指定的顺序排列,即特征数(number of features)、观察数(number of observations)和时间段长度(period length)。

下面重新调整数据集的维度以与该格式对应,如代码段 5-5 所示。

```
X_train =data[:-1,:].reshape(1, 76, 7)
Y_validation =data[-1].reshape(1, 7)
```

代码段 5-5 创建不同周组的 Python 代码片段

> **ℹ** 每个 Keras 层都希望其输入数据按照特定的方式排列。但是在大多数情况下,Keras 会相应地重新调整数据。在添加一个新层之前或者遇到需要重新调整数据的神经层时,请参考关于"层(Layers)"的 Keras 文档(https://keras.io/layers/core/)。

代码段 5-5 也选择了数据集的最后一周作为验证集(通过 data[−1]实现)。尝试使用前面的 76 周预测数据集中的最后一周,下面使用这些变量拟合模型,如代码段 5-6 所示。

```
model.fit(x=X_train, y=Y_validation, epochs=100)
```

代码段 5-6 解释如何训练模型的代码

LSTM 模型在计算上的代价非常大。在现今的计算机上,使用 LSTM 模型训练我们的数据集可能需要花上几分钟的时间,其中的大部分时间花费在计算之初和算法创建完整的计算图的时候,该过程在开始训练后会加速。

> ⓘ 如图 5-19 所示,这个过程比较了模型在每个 epoch 中预测的内容,然后使用均方误差(mean-squared error)技术将模型与实际数据进行了比较。

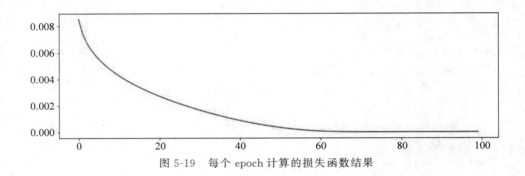

图 5-19   每个 epoch 计算的损失函数结果

乍一看,我们的网络似乎表现得很好:它以一个非常小的错误率开始,并且不断减少。那么,我们的预测告诉了我们什么事情呢?

5.2.6   预测数据

网络经过训练后,我们便可以开始预测了。下面将对未来一周的比特币价格进行预测,如图 5-20 所示。

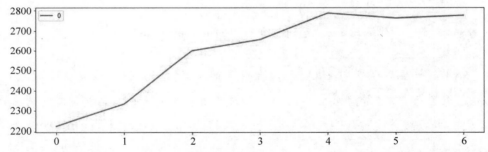

图 5-20   逆标准化后,我们的 LSTM 模型预测到在 2017 年 7 月月底,比特币的价格将从 2200 美元上升到大约 2800 美元,一周内将上涨 30%

使用 model.fit( )训练我们的模型,那么预测数据就变得很简单了,如代码段 5-7 所示。

```
model.predict(x=X_train)
```

代码段 5-7   使用之前用于训练的相同数据进行预测

使用之前用于训练(X_train 变量)的相同数据进行预测,如果我们有更多的可用数据,则也可以使用,但要考虑按照其 LSTM 层所需的格式调整数据的维度。

当神经网络过度拟合验证集时,便意味着它虽然学习了训练集中存在的模式,但无法将其推广到未见的数据(例如测试集)。在第 6 章中,我们将学习如何避免过拟合,并创建一个既能评估网络,又能提高网络性能的系统。

5.2.7 实例:组建深度学习系统

本实例汇集了构建一个基本深度学习系统所需的所有重要部分:数据、模型和预测。

我们将继续使用 Jupyter Notebook,并使用以前练习中准备的数据(data/train_dataset.csv)以及在本地存储的模型(bitcoin_lstm_v0.h5)。

(1)启动 Jupyter Notebook,导航到一个名为 Activity_5_Assembling_a_Deep_Learning_System.ipynb 的 Notebook 文档并打开它。从标题开始,逐个运行单元格以加载所需的组件,然后导航到子标题 Shaping Data,如图 5-21 所示。

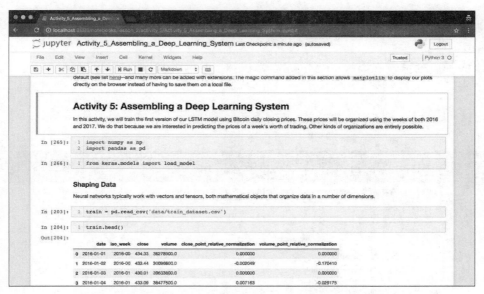

图 5-21 从标准化变量 close_point_relative_normalization 中获得的序列

> ℹ 这里的 close_point_relative_normalization 变量将用于训练我们的 LSTM 模型。

首先,加载我们在之前的实例中准备的数据集,使用 Pandas 将该数据集加载到内存中。

(2)使用 Pandas 将训练集加载到内存中。

```
train =pd.read_csv('data/train_dataset.csv')
```

(3)现在,通过执行以下命令快速检查数据集。

```
train.head()
```

LSTM 网络需要三维的张量,这三个维度是时间段长度、时间段数和特征数。

现在,继续将数据以周为单位进行分组,然后重新排列结果数组以匹配这些维度。

(4)可以使用函数 create_groups()执行此操作。

```
create_groups(data=train, group_size=7)
```

该函数的默认值为 7 天。如果将该数字更改为其他值(例如 10),则会发生什么呢?

现在,确保将数据分为了两组:训练集和验证集。为此,我们将比特币价格数据集的最后一周分配给验证集,然后训练网络以评估最后一周的情况。

过滤出训练数据的最后一周,并使用 numpy.reshape()重新调整数据的维度。调整数据的维度很重要,因为 LSTM 模型只接受以这种形状排列的数据。

```
X_train =data[:-1,:].reshape(1, 76, 7)
Y_validation =data[-1].reshape(1, 7)
```

用于训练的数据现在已准备就绪,加载我们以前保存的模型并用给定的迭代次数(epoch)训练它。

(5)导航到标题 Load Our Model 的单元格并加载我们以前训练过的模型,如图 5-22 所示。

```
model =load_model('bitcoin_lstm_v0.h5')
```

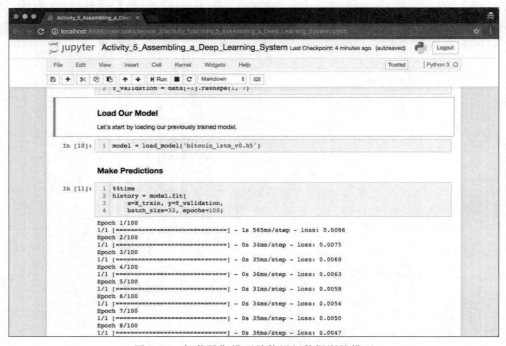

图 5-22   加载早期模型并使用新数据训练模型

（6）使用训练数据 X_train 和 Y_validation 训练该模型。

```
history =model.fit(
x=X_train, y=Y_validation,
batch_size=32, epochs=100)
```

请注意，我们将模型的日志存储在一个名为 history 的变量中。模型日志可用于观察训练准确性的具体变化，并了解损失函数的执行情况。

最后，使用我们训练过的模型进行训练。

（7）使用相同的数据 X_train，调用以下方法。

```
model.predict(x=X_train)
```

（8）该模型会立即返回一个标准化值的列表以及对未来 7 天比特币价格的预测。使用 denormalize() 函数可以将该数据转换为美元值。使用最后一周的数据作为参考以缩放预测的结果，如图 5-23 和图 5-24 所示。

```
denormalized_prediction =denormalize(predictions, last_weeks_value)
```

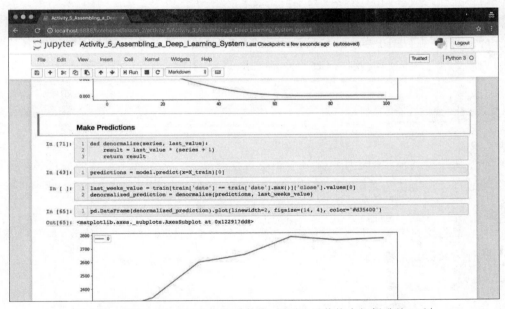

图 5-23　预测未来 7 天的比特币价格，预测显示价格大幅飙升约 30%

> ⓘ 结合图 5-24 中的两个时间序列：真实数据（竖线之前）和预测数据（竖线之后），该模型显示的方差与之前看到的模式类似，即暗示未来 7 天内比特币的价格会上涨。

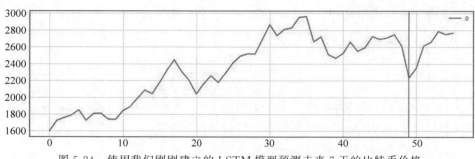

图 5-24   使用我们刚刚建立的 LSTM 模型预测未来 7 天的比特币价格

（9）完成实验后，使用以下命令保存模型。

```
model.save('bitcoin_lstm_v0_trained.h5')
```

保存这个训练好的神经网络，以供将来参考，并将该模型的性能与其他模型进行比较。

该神经网络可能已经从我们的数据中学习到了相关的模式，但它是如何在如此简单的架构及如此少的数据中做到这一点的呢？LSTM 神经网络是从数据中学习模式的强大工具，然而，它也会受到过拟合的影响，这种现象在神经网络中很常见。在过拟合的影响下，使用从训练数据中学习到的模型预测真实世界的模式是毫无用处的。我们还需要学习如何处理这一问题以及如何改进神经网络，以使它能做出有价值的预测。

5.3   本章小结

本章从数据到预测构建了一个完整的深度学习系统。在实例中创建的模型还需要进行一些改进才能被认为是可用的模型。然而，这个模型是我们进行不断改进的一个很好的起点。

第 6 章将探讨有关衡量模型性能的技术，并将我们的模型继续进行修改，直到它成为一个既有用又健壮的模型。

第 6 章

模型评估和优化

本章将介绍如何对神经网络模型进行评估。不同于其他模型,在使用神经网络时,我们会对网络的超参数进行修改,以提高网络的性能。但是,在更改任何参数之前,都需要先评估模型的性能。

本章结束时,您将能够学习到如下内容。

- 评估模型:
  - ◆ 了解神经网络所解决的问题类型;
  - ◆ 了解损失函数(loss function)、准确度(accuracy)和错误率(error rates);
  - ◆ 使用 TensorBoard 解决问题;
  - ◆ 学习评估测度(metrics)和技术。
- 超参数优化:
  - ◆ 学习如何增加神经层和节点;
  - ◆ 了解并增加 epoch 值;
  - ◆ 实现激活函数(activation function);
  - ◆ 使用正则化策略。

6.1　模型评估

在机器学习中,通常定义两个不同的术语:**参数和超参数**。参数是影响模型如何根据数据进行预测的属性;超参数是影响模型如何从数据中学习的属性。参数是可以从数据中学习并被动态修改的;超参数是一种更高级的属性,并且通常不从数据中学习。如果需要获得更详细的介绍,请参阅 Sebastian Raschka 和 Vahid Mirjalili 撰写的 *Python Machine Learning*。

6.1.1　问题类别

通常情况下,神经网络解决的问题主要有两类:分类问题(classification)和回归问题

（regression）。分类问题可以看作从数据中预测正确的类别，例如温度是高还是低；而回归问题是关于连续值的预测，例如实际温度值是多少。

这两类问题的特点如下。

- 分类问题：分类问题是以类别为特征的问题。类别可以是不同的，也可以是相同的；分类问题也可以是二元问题。但是，每个类别必须被清楚地分配给每个数据元素。关于分类问题的一个示例是使用卷积神经网络为图片分配"汽车"标签或"非汽车"标签。第 4 章探讨的 MNIST 示例[①]是分类问题的另一个例子。

- 回归问题：回归问题是以一个连续变量（即标量）为特征的问题。这些问题是根据范围衡量的，它们的评估侧重于神经网络的预测值与真实值的接近程度。关于回归问题的一个示例是时间序列的分类问题，其中该模型使用递归神经网络（Recurrent Neural Network）预测未来的温度值。比特币价格的预测问题是回归问题的另一个例子。

对于分类和回归这两类问题来说，评估模型的总体架构是相同的，但我们将采用不同的技术评估模型的性能。在 6.1.2 节中，我们将探讨分类问题和回归问题的评估技术。

> 本章的所有代码都在实践 6 和实践 7 中实现。在实践 6 和实践 7 中，这些代码将被更详细地说明，仅供自由参考，不做强制要求。

6.1.2　损失函数、准确率和错误率

神经网络使用函数评估其与验证集进行比较时的性能，这个函数就是损失函数。其中，验证集数据是一组被分类出来的数据，它被作为训练过程的一部分。

损失函数用来评估神经网络预测的错误程度，然后重新校正这些错误并对网络进行调整，从而修改单个神经元的激活方式。损失函数是神经网络的关键组成部分，选择合适的损失函数会对网络的运行方式产生重大影响。

那么，误差是如何传递到网络中的每个神经元的呢？

误差是通过一种名为"反向传播"的过程传播的。反向传播是一种将损失函数返回的误差传递回神经网络中的每个神经元的方法。传播的误差会影响神经元的激活方式，最终影响神经元的网络输出。

许多神经网络的包（包括 Keras）默认使用反向传播技术。

---

① 译者注：有关手写体识别的分类问题。

> ⓘ 有关反向传播的更多信息，请参阅 Ian Goodfellow 等在 2016 年出版自麻省理工学院出版社的 *Deep Learning* 一书。

我们使用不同的损失函数处理回归和分类问题。对于分类问题，我们使用准确率函数（即预测正确次数的比例）；对于回归问题，我们使用错误率函数（即预测值与观察值的接近程度）。

表 6-1 总结了常用的损失函数及其应用。

表 6-1　常用损失函数及其应用

问题类型	损失函数	问　题	应　用
回归问题	均方误差（Mean Squared Error, MSE）	预测一个连续函数，即在一定范围内预测值	使用过去的温度预测未来的温度
回归问题	均方根误差（Root Mean Squared Error, RMSE）	与 MSE 类似，但用于处理负值。RMSE 通常能提供更多可解释的结果	与前面的相同
回归问题	平均绝对百分比误差（Mean Absolute Percentage Error, MAPE）	预测连续函数。在使用非标准化的数值范围时具有更好的性能	使用产品属性（例如价格、类型、目标受众、市场条件）预测产品的销售额
分类问题	二分类交叉熵（Binary Cross Entropy）	两个类别或两个值之间的分类值（即真或假）	根据浏览的活动行为预测网站的访问者是男性还是女性
分类问题	多类别交叉熵（Categorical Cross Entropy）	多个类别或多个值之间的分类	在使用英语交流时，根据口音预测说话人的国籍

对于回归问题，均方误差（MSE）函数是最常见的选择。对于分类问题，二分类交叉熵（对于二分类问题）和多类别交叉熵（对于多分类问题）是最常见的选择。建议从这些损失函数开始，然后尝试其他函数以改进神经网络，从而获得更好的性能。

在第 5 章中，我们所开发的网络是使用 MSE 作为损失函数的。下面将探讨该损失函数是如何用于神经网络的训练的。

在相同架构下使用不同的损失函数

在进入下一节之前，让我们从实际角度出发，探讨这些问题在神经网络环境中的不同之处。

TensorFlow 团队提供了 TensorFlow Playground 应用程序，以帮助我们理解神经网络是如何工作的，如图 6-1 所示。在这里，我们看到一个用神经层表示的神经网络：输入层（左边）、隐藏层（中间）和输出层（右边）。

我们还可以在网络左边选择不同的样本数据集以进行实验。在右边，我们可以看到网络的输出。

此应用程序可以帮助我们探讨不同问题的类别。当选择**分类**（Classification）问题作为**问题类型**（Problem type）（右上角）时，数据集中的点只用两个颜色值表示：蓝色或橙色。

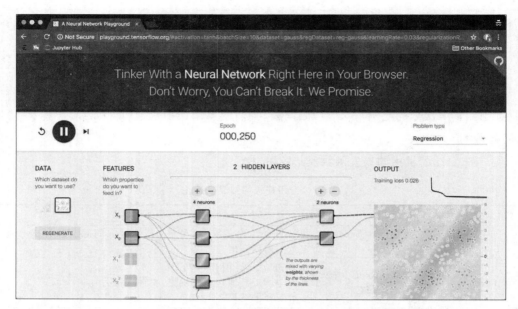

图 6-1　TensorFlow Playground Web 应用程序。可以获取神经网络的参数以
了解每个参数是如何影响模型结果的

处理回归问题时,点的颜色会在橙色和蓝色之间的颜色范围着色;处理分类问题时,网络根据着色错误的蓝色和橙色的数量评估其损失函数,并检查网络中每个点与正确颜色值的距离,如图 6-2 所示。

单击"运行"按钮,我们注意到,随着网络的不断训练,训练损失区域中的数值一直在下降。由于损失函数在两种神经网络中都起着相同的作用,所以在每一类问题中,损失函数都是非常相似的。然而,每个类别使用的实际损失函数却是不同的,并根据问题类型进行选择。

6.1.3　使用 TensorBoard 进行可视化

对神经网络进行评估是 TensorBoard 最擅长的工作,TensorBoard 是 TensorFlow 附带的一套可视化工具。除此之外,人们可以在执行完每个 epoch 之后了解损失函数所评估的结果。TensorBoard 有一个很好的功能,它可以分别整理每次运行的结果并比较每次运行的损失函数。然后,我们可以决定调整哪些超参数,并对神经网络的性能有一个大概的了解。TensorBoard 最大的特点是可以实时完成上述功能。

为了在模型中使用 TensorBoard,我们将使用一个 Keras 的 callback 回调函数[①]。通

---

① 译者注:作为类,Keras 的回调函数是一组在训练的特定阶段被调用的函数集,可用来观察训练过程中网络内部的状态和统计信息。

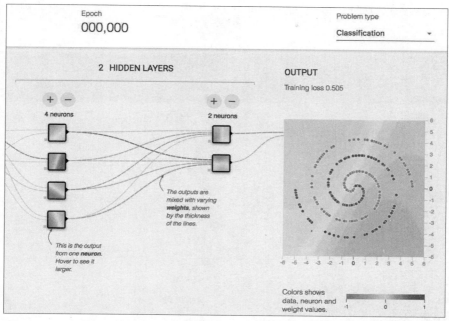

图 6-2　TensorFlow Playground 的详细信息。根据问题类型为点分配不同的颜色值

过导入 TensorBoard 的回调函数,并在调用模型的 fit() 函数时将其传递给模型实现。代码段 6-1 显示了前面章节中提到的在比特币模型中实现的示例。

```
from keras.callbacks import TensorBoard
model_name = 'bitcoin_lstm_v0_run_0'
tensorboard = TensorBoard(log_dir='./logs/{}'.format(model_name))
model.fit(x=X_train, y=Y_validate,
batch_size=1, epochs=100,
verbose=0, callbacks=[tensorboard])
```

代码段 6-1　在 LSTM 模型中实现 TensorBoard callback

Keras 的 callback 函数会在每个 epoch 运行结束时被调用。在这种情况下,Keras 调用 TensorBoard 以存储磁盘上每次运行的结果。还有许多其他有用的 callback 函数可用,甚至可以使用 Keras API 创建自定义函数。

> ⓘ 请参阅 Keras callback 文档(https://keras.io/callbacks/)以获得更多信息。

如图 6-3 所示,在执行了 TensorBoard 回调函数之后,损失函数的测度值就可以在 TensorBoard 接口中使用了。可以运行 TensorBoard 进程(使用 tensorboard --logdir =./logs 命令)并使其在使用 fit() 函数训练网络的同时一直保持运行。我们所要评估的主要图形是神经网络的损失(loss)。我们可以添加更多的测度,方法是将已知的测度传递给 fit()

函数中的测度参数;这些数据在 TensorBoard 中可用于可视化,但是它们不能用于调整网络权重。

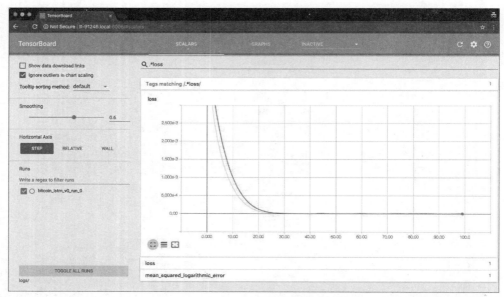

图 6-3　TensorBoard 实例的屏幕截图,显示了将其他指标添加到 metrics 参数后的损失函数结果

交互式图形将继续实时更新,可以知晓不同时期(每个 epoch)神经网络的变化。

6.1.4　实现模型评估的测度

在回归和分类问题中,我们将输入数据分成三部分:训练集、验证集和测试集。训练集和验证集都用于训练网络。训练集作为神经网络的输入,损失函数使用验证集将神经网络的输出与真实数据进行比较,计算预测的误差。在对网络进行训练之后,使用测试集评估网络如何处理它以前从未见过的数据,以完成对其效果的测试呢?

> ⓘ 关于如何划分训练集、验证集和测试集,是没有明确的规定的。将原始数据集划分为 80% 的训练集和 20% 的测试集,然后再将训练集进一步划分为 80% 的训练集和 20% 的验证集是一种常见的方法。有关此问题的更多信息,请参阅 Sebastian Raschka 和 Vahid Mirjalili 撰写的 *Python Machine Learning* 一书。

在分类问题中,可将数据和标签作为相关但不同的数据传递给神经网络。然后,网络会了解数据与每个标签的关系。而在回归问题中,传递的不是数据和标签,而是把目标变量作为其中一个参数,将用于训练模型的变量作为另一个参数并传递给神经网络。Keras 使用 fit() 方法为这两个示例提供了一个接口。有关示例请参阅代码段 6-2。

```
model.fit(x =X_train,y =Y_train,
batch_size =1,epochs =100,
verbose =0,callbacks =[tensorboard],
validation_split =0.1,
validation_data =(X_validation,Y_validation))
```

代码段 6-2　说明如何使用 validation_split 和 validation_data 参数

> ⓘ fit()方法可以使用 validation_split 或 validation_data 参数,但不能同时使用这两个参数。

损失函数评估模型会在每次运行时调整模型中参数的权重。但是,损失函数仅描述训练数据和验证数据之间的关系。为了评估模型是否正确执行,通常使用另一组数据(该数据不是用来训练神经网络的)将模型所做的预测与该组数据中的真实值进行比较。

这就是测试集的作用。Keras 提供了 model.evaluate()方法,这使测试集评估训练后的神经网络的过程变得更容易。有关示例,请参阅代码段 6-3。

```
model.evaluate(x =X_test,y =Y_test)
```

代码段 6-3　说明如何使用 evaluate()方法

Keras 提供的 model.evaluate()方法既返回损失函数的结果,也返回传递给 metrics 参数的函数结果。我们将在比特币问题中频繁使用该函数以测试模型在测试集上的表现。

您可能会注意到比特币模型看起来与上面的示例略有不同,这是因为我们使用的是 LSTM 架构。LSTM 旨在预测时序型(sequences)数据。因此,我们不使用一组变量预测一个不同的单个变量,即使它是一个回归问题。相反,我们使用单个变量(或变量集)的先前观察值预测该变量(或集合)的未来观测值。Keras.fit()上的 y 参数包含与 x 参数相同的变量,但仅包含预测的序列。

1. 评估比特币模型

我们在第 4 章的实践中创建了一个测试集,该测试集包含 19 周比特币每日的价格观察值,其数据量相当于原始数据集的 20%。

我们还使用了第 5 章中的其他 80%的数据(即包含 56 周数据的训练集,减去验证集的训练集)训练我们的神经网络,并将训练好的网络存储在本地(bitcoin_lstm_v0)。现在,我们可以对 19 周测试数据中的每一周使用 evaluate()方法,并检查第一个神经网络的执行情况。

但是,为了做到这一点,我们必须提供前 76 周的数据,因为我们的神经网络已经经过训练,所以可以使用 76 周的连续数据预测未来一周的数据(在第 7 章中,当将神经网络部署为 Web 应用程序时,通过定期对网络进行更大周期的重新训练执行这种操作)。

```
combined_set =np.concatenate((train_data,test_data),axis =1)
evaluate_weeks =[]
for i in range(0,validation_data.shape [1]):
    input_series =combined_set [0: ,i: i +77]

X_test =input_series [0: ,: -1] .reshape(1,input_series.shape [1] -1,)
Y_test =input_series [0: , -1: ] [0]

result =B.model.evaluate(x =X_test,y =Y_test,verbose =0)
evaluated_weeks.append(result)
```

代码段 6-4   通过 evaluate()方法评估测试数据集中模型的性能

在代码段 6-4 中,我们使用 Keras 的 model.evaluate()评估每一周的神经网络模型,然后将神经网络的输出存储在 evaluated_weeks 变量中。然后,我们在图 6-4 中绘制出每周数据所产生的均方误差(MSE)。

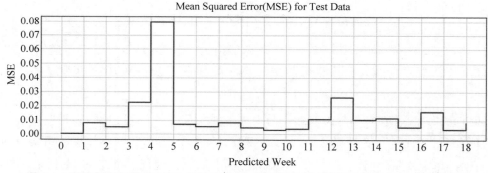

图 6-4   测试集中每周的 MSE,要注意的是,第 5 周的模型预测比其他任何一周都要差

结果表明,我们的模型在大多数周都表现良好,即模型在其他几个测试周中似乎都表现得很好,除了第 5 周的 MSE 值增加到了约 0.08。

2. 过拟合

第一个训练好的神经网络(bitcoin_lstm_v0)可能处于过拟合(overfitting)的状态。过拟合就是指训练一个模型以优化一个验证集的效果,但是损失了更多的我们想要的更具普适化模态的预测效果。过拟合的主要问题是模型学习如何预测满足验证集,但它在预测新数据上无法产生好的效果。

模型的损失函数在训练过程结束时已经达到了非常低的水平(约 2.9×10^{-6}),不仅如此,在很早之前,损失函数就已经很低了:用于预测数据中最后一周的均方误差损失函数在 30 epoch 左右就已经下降到了一个稳定的范围,这意味着我们的模型通过使用之前 76 周的数据几乎完美地预测了第 77 周的数据,但是这是否是对神经网络过拟合训练而产生的结果呢?

让我们再看一下图 6-4。我们知道 LSTM 模型的损失函数不仅在验证集中达到了很低的值(约 2.9×10^{-6}),也在测试集中达到了比较低的值。然而,关键的区别在于规模:测试集中每周的 MSE 大约是验证集中的 4000 倍(平均值),这意味着模型在测试数据中的表现要比在验证集中的表现差得多,这种情况值得我们考虑。

数据规模隐藏了 LSTM 模型的强大功能:即使在我们的测试集中表现得很差,但预测的 MSE 误差仍然非常低,这表明我们的模型可能是从数据中学习模式的。

3. 模型预测

模型预测具有两方面的内容,一方面是对比 MSE 误差以度量我们的模型,另一方面是能够直观地解释它的结果。

使用相同的模型,即使用 76 周作为输入为接下来的几周进行预测。我们通过在整个完整数据中滑动 76 周的窗口(即训练集和测试集)实现这一点,并对每个窗口进行预测。使用 Keras 的 model.predict() 方法进行预测,如代码段 6-5 所示。

```
combined_set =np.concatenate((train_data, test_data), axis=1)
predicted_weeks =[]
for i in range(0, validation_data.shape[1] +1):
    input_series =combined_set[0:,i:i+76]
    predicted_weeks.append(B.predict(input_series))
```

代码段 6-5　使用 model.predict()方法对测试集中的所有周进行预测

在代码段 6-5 中,我们使用 model.predict()方法进行预测,然后将这些预测存储在 predicted_weeks 变量中,然后绘制预测结果。

模型预测的结果如图 6-5 所示,结果表明其性能并不是那么糟糕。通过观察预测曲线,可以注意到神经网络已经能够预测出每周的波动情况,在这个过程中,标准化价格在中间某周上升,然后在这周结束时下降。除了这几周外,最值得注意的是第 5 周,因为大多数周的 MSE 预测值都接近正确,而第 5 周对模型的预测比任何周都差。

现在让我们对预测进行非规范化,以便我们可以使用与原始数据(即美元)相同的比例研究预测值。可以通过定义一个非规范化函数(denormalization)实现这一点,该函数使用来自预测数据的日索引标识测试数据上的等效周。在识别该周之后,该函数将获取该周的第一个值,利用该值对预测值进行非规范化处理使用的是 point-relative 标准化技

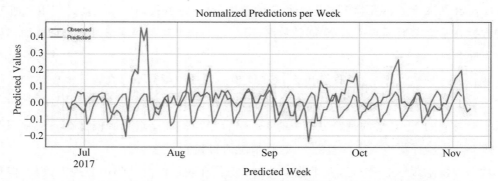

图 6-5   测试集中每周的 MSE(请注意第 5 周时对模型预测的效果比任何其他周都差)

术①,但实际情况相反(即进行的是非规范化处理),如代码段 6-6 所示。

```
def denormalize(reference, series,
                normalized_variable='close_point_relative_normalization',
                denormalized_variable='close'):
    week_values =observed[reference['iso_week']==series['iso_week'].
                values[0]]
    last_value =week_values[denormalized_variable].values[0]
    series[denormalized_variable] =
                last_value * (series[normalized_variable]+1)

    return series

predicted_close =predicted.groupby('iso_week').apply
                (lambda x: denormalize(observed, x))
```

**代码段 6-6   使用反向的 point-relative 标准化技术对数据进行非规范化处理,denormalize()
函数的作用是获取测试在一周内第一天的第一个近似价格**

我们现在用美元将预测值与测试集进行比较。如图 6-5 所示,bitcoin_lstm_v0 模型
在预测未来 7 天的比特币价格方面表现良好。但是,我们如何用可解释的术语衡量这种
表现呢?

4. 对预测的解释

最后一步的目的是为我们的预测增加可解释性。图 6-6 似乎表明我们的模型预测数
据与测试数据十分相近了,但是应该通过什么评估二者的相似程度呢?

Keras 的 model.evaluate()函数对于理解模型在每个评估步骤中的执行情况非常有
用。但是,由于我们通常使用规范化数据集训练神经网络,因此在该模型中使用 model.

①   译者注:这种规范化操作的解释详见第 5 章中的说明。

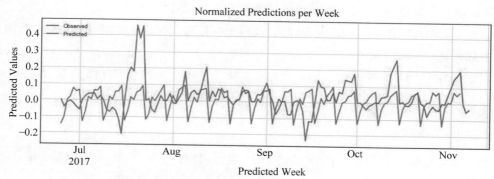

图 6-6　测试集中每周的 MSE（请注意第 5 周时的模型预测比任何周都差）

evaluate()函数生成的度量标准的可解释性很差。

为了解决这个问题，我们可以从模型中收集完整的预测集，使用表 6-1 中的另外两个更易于解释的函数（MAPE 和 RMSE），将其与测试集进行比较（分别通过 mape()函数和 rmse()函数实现），如代码段 6-7 所示。

```
def mape(A, B):
    return np.mean(np.abs((A -B) / A)) * 100

def rmse(A, B):
    return np.sqrt(np.square(np.subtract(A, B)).mean())
```

代码段 6-7　mape()函数和 rmse()函数的实现

> ⓘ 这两个函数都是使用 NumPy 实现的。其最初实现来自：https://stats.stackexchange.com/questions/58391/mean-absolute-percentage-error-mape-in-scikit-learn (MAPE) 和 https://stackoverflow.com/questions/16774849/mean-squared-error-in-numpy(RMSE)。

在使用这两个函数将测试集与预测进行比较后，能得到以下结果。
- 非规范化 RMSE：$399.6。
- 非规范化 MAPE：8.4%。

这表明我们的预测数据与实际数据平均相差约 399 美元，相当于实际比特币价格差异的约 8.4%。

这些结果有助于我们更好地理解模型的预测。我们将继续使用 model.evaluate()方法跟踪 LSTM 模型的改进，同时我们也会在每一版本的模型上计算出完整序列中的 rmse()和 mape()，以解释预测价格和比特币真实价格的接近程度。

6.1.5　实践：创建一个训练环境

本实践将为神经网络创建一个训练环境，以便其训练和评估性能，该环境对于第

7 章来说特别重要,第 7 章将在该环境中搜索超参数的最佳组合。

首先,启动 Jupyter Notebook 和 TensorBoard 实例。在以下步骤中,这些实例均可保持开启状态。

(1) 打开终端,导航到 chapter_6/activity_6 目录,执行以下代码,启动 Jupyter Notebook 实例。

```
$ jupyter notebook
```

(2) 在浏览器中打开该应用提供的 URL,然后打开名为 Activity_6_Creating_an_active_training_environment.ipynb 的 Jupyter Notebook 文件,如图 6-7 所示。

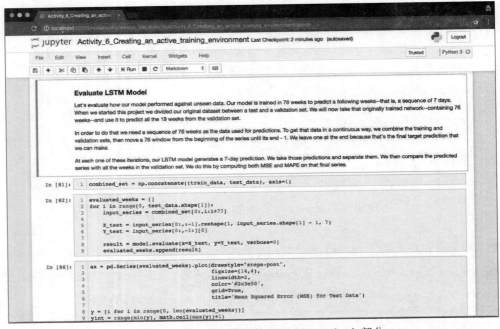

图 6-7 　评估 LSTM 模型的 Jupyter Notebook 部分

(3) 也可以通过执行以下命令启动 TensorBoard 实例。

```
$ cd ./chapter_3/activity_6/
$ tensorboard --logdir=logs/
```

(4) 打开屏幕上显示的 URL,并保持该浏览器选项卡打开。

(5) 现在,同时将训练集(train_dataset.csv)、测试集(test_dataset.csv)以及我们之前编译的模型(bitcoin_lstm_v0.h5)加载到 Jupyter Notebook 中。

(6) 使用以下指令在 Jupyter Notebook 实例中加载训练集和测试集。

```
$ train =pd.read_csv('data/train_dataset.csv')
$ test =pd.read_csv('data/test_dataset.csv')
```

（7）另外，可以使用以下指令加载我们以前编译过的模型。

```
$ model =load_model('bitcoin_lstm_v0.h5')
```

现在，在测试数据上评估我们的模型。我们的模型使用了76周的比特币数据进行训练，以预测未来一周的比特币价格情况。当构建第一个模型时，我们将原始数据集划分为训练集和测试集。现在，我们将采用两个数据集的合并版本，称为组合集（combined set），并移动一个76周的滑动窗口。每个窗口都会执行Keras的model.evaluate()方法，以评估网络在特定的一周内的表现。

（8）执行标题为 **Evaluate LSTM Model** 下的单元格。这些单元格的核心理念是为测试集中的每周数据调用 model.evaluate()方法，下面一行指令是最重要的。

```
$ result =model.evaluate(x=X_test, y=Y_test, verbose=0)
```

（9）每个评估结果都存储到了 evaluated_weeks 变量中，该变量是一个简单的数组，包含测试集中每周的均方误差预测序列。继续将结果绘制为图表，如图 6-8 所示。

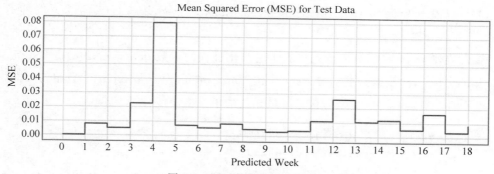

图 6-8　测试数据的均方误差图

正如本章所讨论的，均方误差损失函数很难解释。为了便于理解模型是如何执行的，我们还从测试集中调用了每周的 model.predict()方法，并将其预测的结果与集合的值进行比较。

（10）导航到标题为 **Interpreting Model Results** 部分，并执行子标题 **Make Predictions** 下的代码单元格。这里要注意的是，我们正在调用 model.predict()方法，但参数组合略有不同，这里只使用 X，而不是 X 和 Y。

```
predicted_weeks =[]
for i in range(0, test_data.shape[1]):
input_series =combined_set[0:,i:i+76]
predicted_weeks.append(model.predict(input_series))
```

在每个窗口，我们将发布下一周的预测并存储结果。现在，我们可以将预测的标准化结果与测试集中的标准化结果一起绘制成一张图,如图 6-9 所示。

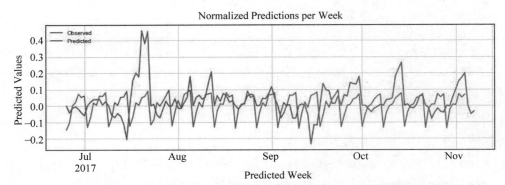

图 6-9   测试集中每周的数据通过 model.predict()函数处理后返回的标准化结果变化图

我们还将进行同样的比较,但使用非规范化的值。为了非规范化我们的数据,必须首先确定测试集和预测之间的等效周。然后,我们取该周的第一个价格值,并使用它和第 5 章中的 point-relative 规范化公式进行反规范化,最后求出该值对应的非规范值。

(11)导航到标题为 Denormalizing Predictions 的部分并执行该标题下的所有单元格。

(12)在本节中,我们对执行完整的非规范化过程的函数 denormalize()进行了定义。与其他函数不同,此函数接受的是 Pandas 的 DataFrame,而不是 NumPy 数组,这样做是为了将日期作为索引。以下是与该标题最相关的单元格块。

```
predicted_close =predicted.groupby('iso_week').apply(
    lambda x: denormalize(observed, x))
```

非标准化结果如图 6-10 所示,该图表明基于我们的模型所做出的预测接近于比特币的真实价格,但是有多接近呢?

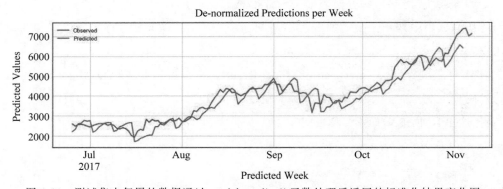

图 6-10   测试集中每周的数据通过 model.predict()函数处理后返回的标准化结果变化图

LSTM 网络使用均方误差(MSE)值作为其损失函数。但是,如本章所述,均方误差值很难理解。为了解决这个问题,我们实例化了 RMSE 函数和 MAPE 函数(从脚本 utilities.py 加载)。通过返回与原始数据相同比例的度量,以及将比较比例差异作为百分比,这些函数可以使模型的可解释性增强。

(13)导航到标题 De-normalizing Predictions 的部分,并从 utilities.py 脚本中加载两个函数。

```
from scripts.utilities import rmse, mape
```

脚本中的这两个函数实际上非常简单。

```
def mape(A,B):
    return np.mean(np.abs((A -B) / A)) * 100


def rmse(A,B):
    return np.sqrt(np.square(np.subtract(A,B)).mean())
```

每个函数都是使用 NumPy 的矢量运算实现的。这些函数在相同长度的矢量运算中能发挥很好的作用,而且它们主要应用于模型运行结束后产生的结果数据。

通过使用 mape()函数,可以看到我们的模型所预测的价格与测试集的价格相差约8.4%,这相当于一个约 399.6 美元的根平均(root mean squared)误差(使用 rmse()函数计算)。

在开始下一节之前,需要返回到 Notebook 并找到标题为 **Re-train Model with TensorBoard** 的部分。您可能已经注意到我们创建了一个名为 train_model()的辅助函数,这个函数是模型的包装器,它使用 model.fit()函数训练模型,并将结果独立地存储到一个新目录下。然后,TensorBoard 将这些结果作为鉴别器,以便显示不同模型的统计信息。

(14)修改传递给 model.fit()函数的一些参数值(例如尝试调整 epochs 值)。现在,运行将模型加载到磁盘内存中的单元格(这将取代训练的模型)。

```
model =load_model('bitcoin_lstm_v0.h5')
```

(15)再次执行 train_model()函数,但使用不同的参数指明一个新的运行版本。

```
train_model(X =X_train,Y =Y_validate,version =0,run_number =0)
```

在本节中,我们了解了如何使用损失函数(loss function)对神经网络进行评估。我们了解到损失函数是神经网络的关键要素,因为它能够对神经网络的每个时期(epoch)的性能加以评估,并且它还是调整传播回到相应的层和节点的起点。我们还探讨了为什么有些损失函数很难解释(例如 MSE),并使用另外两个函数(RMSE 函数和 MAPE 函数)完成了一个任务,以便解释 LSTM 模型的预测结果。

最重要的是,本节在一个真实的训练环境中给出了结论。我们现在得到了一个系统,可以训练一个深度学习模型并持续地评估其结果。6.2 节将继续优化我们的神经网络，这也是关键的一步。

6.2 超参数优化

之前，我们已经训练了一个神经网络，它可以使用之前 76 周的比特币价格预测未来 7 天的比特币价格。总的来说，该模型的预测与实际比特币价格相差约 8.4%。

本节将介绍一些常用的改进神经网络模型性能的策略，包括：

- 添加或删除一些神经层，改变神经层的节点数；
- 增加或减少训练的 epoch；
- 使用不同的激活函数（activation functions）；
- 使用不同的正则化（regularization）策略。

本节将使用与 6.1 节结尾时所开发的同样的学习环境评估每一项修改，并衡量这些策略如何帮助我们开发一个更精确的模型。

6.2.1 针对神经层和神经元——添加更多的神经层

具有单个隐藏层的神经网络可以在许多问题上有很好的表现。我们的第一个比特币模型（bitcoin_lstm_v0）就是一个很好的例子，它可以使用单个 LSTM 层预测未来 7 天的比特币价格，错误率约为 8.4%（数据来自测试集）。但是，并非所有问题都可以使用单层神经网络解决。

要预测的函数越复杂，需要添加更多层的可能性就越大。是否需要添加新的神经层，需要我们理解神经层在神经网络中的作用。

每个神经层都可以对输入数据产生模型表示。前面的神经层产生较低级别的表示，越往后的神经层产生越高级别的表示。

虽然该表示方法可能难以模拟现实问题，但理论实现很简单：当处理一个具有各种级别表示的复杂函数时，可能就需要尝试在神经网络中添加更多的神经层。

1. 添加更多的神经元

每个神经层所需的神经元个数与输入数据和输出数据的结构有关。

例如，如果要对一个 4×4 像素的图像进行二分类，那么可以设置隐藏层为 12 个神经元（每个可用像素一个），而设置输出层为 2 个神经元（每个预测类别一个）[①]。

---

① 译者注：计算隐藏层大小的一般方法：(输入大小＋输出大小)$\times 2/3$，即 $(16+2) \times 2/3$。

在添加新层的同时添加新的神经元是很常见的操作。可以为神经网络添加一个神经层,该层的神经元数与前一层相同或者是前一层神经元数的倍数。例如,如果第一个隐藏层有 12 个神经元,那么可以为新添加的隐藏层设定 12、6 或 24 个神经元。

添加神经层和神经元可能会有很明显的性能限制。可以随意尝试添加神经层和神经节点以优化神经网络。通常从较小的网络(即具有少量神经层和神经元的网络)开始,然后根据其性能增益进行调整。

如果上述情况不准确,那么您的直觉可能是正确的。引用 YouTube 的 Video Classification(视频分类)部门的前主管 Aurélien Géron 的话:"Finding the perfect amount of neurons is still somewhat of a black art(寻找完美的神经元个数仍然是一种黑色艺术)"。

ⓘ 出自 Aurélien Géron 在 2017 年 3 月出版于 O'Reilly 出版社的 *Hands-on Machine Learning with Scikit-Learn and TensorFlow* 一书。

最后需要注意的是,添加的神经层越多,需要调整的超参数就越多,训练神经网络的时间也就越长。如果神经网络模型运行良好且不会产生过拟合现象,那么在向神经网络中添加新的神经层之前,请先尝试本章介绍的其他策略(之后再尝试添加神经层或神经元)。

2. 添加神经层和神经元的实现

现在,我们将通过添加更多的神经层修改原来的 LSTM 模型。LSTM 模型通常在序列中添加 LSTM 层,然后 LSTM 层之间形成链。在示例中,新的 LSTM 层与原始层的神经元的个数相同,因此不必再配置该参数。

将该模型命名为 bitcoin_lstm_v1 的修改版本。令每个模型都尝试一种不同的超参数配置,然后对每个模型都进行命名,这是一种很好的方法,有助于跟踪每个不同架构的执行方式,而且可以轻松地在 TensorBoard 中比较每个模型的差异。本章将在末尾对神经网络所有不同的优化方式进行比较。

ⓘ 在对模型添加新的 LSTM 层之前,需要将第一个 LSTM 层的参数 return_sequences 改为 True。这样做是因为神经网络的第一层需要与第一层输入相同的数据序列。当此参数设置为 False 时,LSTM 层将以不同且不兼容的模式输出预测参数。

请思考以下代码示例。

```
period_length = 7
number_of_periods = 76
batch_size = 1

model = Sequential()
model.add(LSTM(
    units=period_length,
    batch_input_shape=(batch_size, number_of_periods, period_length),
    input_shape=(number_of_periods, period_length),
    return_sequences=True, stateful=False))

model.add(LSTM(
    units=period_length,
    batch_input_shape=(batch_size, number_of_periods, period_length),
    input_shape=(number_of_periods, period_length),
    return_sequences=False, stateful=False))

model.add(Dense(units=period_length))
model.add(Activation("linear"))

model.compile(loss="mse", optimizer="rmsprop")
```

代码段 6-8   为原始 bitcoin_lstm_v0 模型添加 LSTM 层,并命名为 bitcoin_lstm_v1

6.2.2   迭代步数

迭代步数(epoch)是指数据完整地通过一次神经网络,在每个 epoch 中,神经网络都会通过损失函数调整其参数。用多个 epoch 训练模型,可以让模型从数据中学到更多东西,但是也有陷入过拟合的风险。

在训练模型时,我们更倾向于以指数的方式增加 epoch,直到损失函数开始平稳。在 bitcoin_lstm_v0 模型中,在大约运行了 100 个 epoch 时,损失函数开始处于平稳状态。

我们的 LSTM 模型仅使用少量数据进行训练,所以增加迭代步数并不会对其性能产生很大的影响。如果试图用 103 个 epoch 训练,那么该模型几乎不会有任何改进。但如果被训练的模型使用了大量的数据,那么情况就不同了。在这种情况下,为了获得良好的性能,使用很大的 epoch 训练神经网络是至关重要的。

在 epoch 的选择上,为了能获得良好的性能,我们的建议是:用于训练模型的数据量越大,需要的迭代步数就越多。

更改迭代步数的实现

我们的比特币数据集相当小,因此增加模型训练的迭代步数可能对其性能的影响是很小的。要让模型训练更多的 epoch,只需改变 model.fit() 函数中的 epochs 参数即可,如代码段 6-9 所示。

```
number_of_epochs =10 * * 3
model.fit(x=X, y=Y, batch_size=1,
    epochs=number_of_epochs,
    verbose=0,
    callbacks=[tensorboard])
```

代码段 6-9　　更改模型训练的迭代步数，将其命名为 bitcoin_lstm_v2

通过修改迭代步数对该模型进行优化，并将该模型命名为 bitcoin_lstm_v2。

6.2.3　激活函数

激活函数可以评估激活单个神经元所需的"值"。激活函数通过使用前一层的输入和损失函数的结果（或者一个神经元是否应该传递任何值）确定每个神经元将要传递给神经网络的下一个神经元的值。

> ℹ️ 激活函数是科学界研究神经网络的一个重要课题。有关激活函数正在进行的研究的相关概述和激活函数的工作原理的详细综述，请参阅 Ian Goodfellow 等人在 2017 年出版于麻省理工学院出版社的 *Deep Learning* 一书。

TensorFlow 和 Keras 都提供了许多激活函数，并且偶尔也会使用新的激活函数。下面介绍三种重要的激活函数。

> ℹ️ 该部分受到 Avinash Sharma V 撰写的文章 *Understanding Activation Functions in Neural Networks* 的启发，该文可从以下网址获得：https://medium.com/the-theory-of-everything/understanding-activation-functions-in-neural-networks-9491262884e0。

1. 线性激活函数

线性激活函数只根据一个常量激活一个神经元，其定义如下。

$$f(x)=c * (0,x)$$

当 $c=1$ 时，神经元将以原样传递值而不受激活函数的影响，如图 6-11 所示。使用线性函数的问题在于，神经元被线性激活后，许多连接的神经层现在只相当于单个大层使用，并且此大层的输入和输出也均为线性函数。换句话说，这样做就失去了构建具有多个层的神经网络的能力，即一个层的输出会影响另一个层的能力。

对于大多数神经网络而言，使用线性激活函数通常被认为是过时的选择。

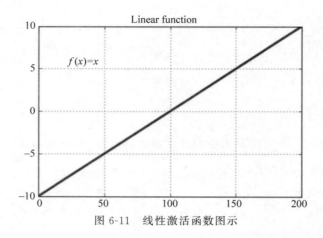

图 6-11　线性激活函数图示

2. 双曲正切函数

双曲正切函数(Tanh)为一个非线性函数,由以下公式表示。

$$f(x) = \frac{2}{2 + e^{-2x}} - 1$$

Tanh 函数对神经元的影响将被持续评估,如图 6-12 所示。由于 Tanh 函数是非线性函数,因此可以使用该函数更改一个神经层对下一个神经层的影响。使用非线性函数时,神经层以不同的方式激活神经元,从而更容易从数据中学习不同的表示形式。但是,非线性函数具有类似 sigmoid 的模式,这种模式会反复地重复表示极端节点值,从而导致梯度消失问题。梯度消失会对神经网络的性能产生负面影响。

双曲正切函数是很受欢迎的选择,但如果考虑计算成本,通常选择 ReLU 函数作为激活函数。

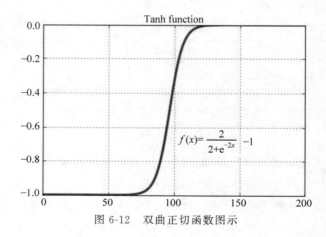

图 6-12　双曲正切函数图示

3. ReLU 函数

ReLU(Rectifid Linear Unit)函数是非线性函数,其定义是:

$$f(x) = \max(0, x)$$

在尝试其他激活函数之前,通常优先选择 ReLU 函数,如图 6-13 所示。ReLU 函数倾向于惩罚负值,如果输入的数据包含负值(例如在−1 和 1 之间归一化),那么 ReLU 函数会把这些负值变为 0(这可能并不是我们想要的结果)。

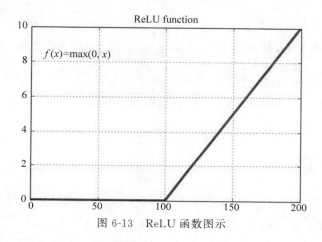

图 6-13　ReLU 函数图示

在我们的神经网络中,我们不会使用 ReLU 函数,因为我们的规范化过程会产生许多负值,如果使用 ReLU 函数,则会产生一个学习速度很慢的模型。

6.2.4　激活函数的实现

在 Keras 中,实现激活函数最简单的方法是实例化 Activation()类,并将其添加到 Sequential()模型中。可以用 Keras 中可用的任何激活函数实例化 Activation()(完整内容请参阅 https://keras.io/activations/)。在我们的示例中,使用 Tanh 函数作为激活函数。

添加激活函数后,我们将模型的版本提升到 v2,并将它命名为 bitcoin_lstm_v3,如代码段 6-10 所示。

```
model = Sequential()

model.add(LSTM(
    units=period_length,
    batch_input_shape=(batch_size, number_of_periods, period_length),
    input_shape=(number_of_periods, period_length),
    return_sequences=True, stateful=False))
```

```
model.add(LSTM(
    units=period_length,
    batch_input_shape=(batch_size, number_of_periods, period_length),
    input_shape=(number_of_periods, period_length),
    return_sequences=False, stateful=False))

model.add(Dense(units=period_length))
model.add(Activation("tanh"))

model.compile(loss="mse", optimizer="rmsprop")
```

代码段 6-10　将 Tanh 函数添加到 bitcoin_lstm_v2 模型，并命名为 bitcoin_lstm_v3

还有许多其他值得尝试的激活函数，TensorFlow 和 Keras 都在各自的官方文档中提供了实现各种激活函数方法的列表，可以尝试实现这些激活函数，还可以使用自定义的激活函数。

6.2.5　正则化策略

神经网络特别容易产生过拟合。当神经网络的学习模式倾向于过拟合时，就会产生过拟合。当神经网络学习到训练数据的模式，但无法找到同样适用于测试数据的可推广模式时，也会产生过拟合。神经网络能够训练数据，但是不能找到同样能应用于测试数据的可推广模式[①]。

正则化策略是一种通过调整神经网络的训练方式处理过拟合的技术。下面介绍两种常见的正则化策略：L2 正则化和 Dropout。

1. L2 正则化

L2 正则化（或权重衰减）是处理过拟合模型的常用技术。在一些模型中，由于某些参数的变化幅度很大，于是 L2 正则化惩罚了这些参数，以减少这些参数对神经网络的影响。

L2 正则化使用 λ 参数确定一个惩罚模型神经元的数量。通常将其设置为非常低的值（即 0.0001），如果值设置得过高，则会完全消除来自给定神经元的输入，这样也是不好的。

2. Dropout

Dropout 是一种简化问题的正则化技术。如果随机从神经层中取出一定比例的节

---

① 译者注：这样的模型虽然在测试集上表现得比较好，但是泛化能力一般。

点,那么剩下的节点将如何适应神经网络呢? 事实证明,剩下的神经元可以适应神经网络,它们会学着表达以前被那些取出的神经元处理过的模式。

Dropout 方法易于实现,而且非常有效,在通常情况下可以避免过拟合现象。在这里,Dropout 是我们首选的正则化方法。

3. 正则化的实现

为了使用 Keras 实现 Dropout 策略,我们在完成每个 LSTM 层之后立即导入 Dropout(),并将其添加到我们的神经网络中。

将使用该方法优化的模型命名为 bitcoin_lstm_v4,如代码段 6-11 所示。

```
model = Sequential()
model.add(LSTM(
    units=period_length,
    batch_input_shape=(batch_size, number_of_periods, period_length),
    input_shape=(number_of_periods, period_length),
    return_sequences=True, stateful=False))

model.add(Dropout(0.2))
model.add(LSTM(
    units=period_length,
    batch_input_shape=(batch_size, number_of_periods, period_length),
    input_shape=(number_of_periods, period_length),
    return_sequences=False, stateful=False))

model.add(Dropout(0.2))

model.add(Dense(units=period_length))
model.add(Activation("tanh"))

model.compile(loss="mse", optimizer="rmsprop")
```

代码段 6-11　将 Dropout()添加到我们的模型(bitcoin_lstm_v3),

并重命名为 bitcoin_lstm_v4

我们也可以用 L2 正则化代替 Dropout。为此,只需将 ActivityRegularization()类的 L2 参数设置为一个较低值(例如 0.0001),然后将它放置在 Dropout()类的位置上。您可以随意进行试验,将其添加到网络中,在保持 Dropout()的同时将 ActivityRegularization()添加到网络中,或者简单地用 ActivityRegulalization()替换所有的 Dropout()。

6.2.6　结果优化

总之,我们已经创建了 4 个版本的模型,其中 3 个版本是通过应用本章介绍的优化技术改进得到的。

在创建了这些版本之后,必须评估哪个模型的性能最好。为此,使用我们在第一个模型中使用的相同的度量标准:MSE、RMSE 和 MAPE。MSE 用于比较每个模型预测的错误率,计算 RMSE 和 MAPE 也会使模型的效果更容易解释,结果如表 6-2 所示。

表 6-2　所有模型的结果

模型	MSE(最后一轮 epoch)	RMSE(整个序列)	MAPE(整个序列)/%	训练时间
bitcoin_lstm_v0	—	399.6	8.4	—
bitcoin_lstm_v1	7.15×10^{-6}	419.3	8.8	49.3s
bitcoin_lstm_v2	3.55×10^{-6}	425.4	9.0	1m13s
bitcoin_lstm_v3	2.8×10^{-4}	423.9	8.8	1m19s
bitcoin_lstm_v4	4.8×10^{-7}	442.4	8.8	1m20s

有趣的是,我们的第一个模型(bitcoin_lstm_v0)在几乎所有的指标中都表现最佳,我们将使用该模型构建 Web 应用程序并继续对比特币价格进行预测。

6.2.7　实践: 优化神经网络模型

本实践将对第 5 章中创建的 bitcoin_lstm_v0 模型实施不同的优化策略。在完全非规范化测试集上,该模型的 MAPE 性能约为 8.4%。现在,我们要对模型进行进一步优化。

(1) 使用终端,通过执行以下命令启动 TensorBoard 实例[①]。

```
$ cd ./chapter_3/activity_7/
$ tensorboard --logdir=logs/
```

(2) 在浏览器中打开屏幕上显示的 URL,并保持浏览器选项卡打开。使用以下命令在浏览器的不同选项卡中启动 Jupyter Notebook。

```
$ jupyter notebook
```

(3) 打开名为 Activity_7_Optimizing_a_deep_learning_model.ipynb 的 Jupyter Notebook,导航到标题端的位置并导入所有所需的库。可以像往常的实践一样加载数据,还可以使用 split_lstm_input()函数将数据集分为训练集和测试集。

此 Notebook 的每部分都将在我们的模型中应用新的优化技术。每实现一种优化方法,我们都会训练一个新的模型,并将训练好的实例存储到一个描述模型版本的变量中。

---

① 译者注：原文给出的下述路径疑似有误,应为 $ cd ./chapter_6/activity_7。

例如,我们的第一个模型(即 bitcoin_lstm_v0)在此 Notebook 中被称为 model_v0。最后,我们会使用 MSE、RMSE 和 MAPE 等测度评估所有模型的效果。

(4)在打开的 Jupyter Notebook 中导航到 **Adding Layers and Nodes** 标题,并找到下一个单元格中我们的第一个模型。这是我们在第 5 章中构建的一个基本的 LSTM 神经网络。现在,我们需要在该神经网络中增加一个新的层。

使用本章介绍的知识可以继续添加新的 LSTM 层,编译并训练模型。在训练模型时,可以在浏览器中打开 TensorBoard 观察模型的训练情况。

您将看到每个模型的运行状况,并比较其损失函数的结果,如图 6-14 所示。

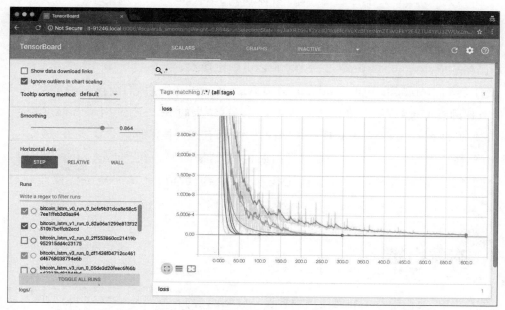

图 6-14   TensorBoard 对于实时跟踪模型训练非常有用,页面中显示了许多不同的模型运行情况

(5)导航到标题为 **Epochs** 的部分。在本节中,我们会了解不同**迭代步数**(**epoch**)的大小会对神经网络产生什么样的影响。下面使用 train_model() 函数命名不同的模型版本并运行。

```
train_model(model=model_v0, X=X_train, Y=Y_validate, epochs=100,
version=0, run_number=0)
```

下面使用几个不同的 epoch 参数训练模型。

此时,需要确保模型不会过度拟合训练数据,因为一旦发生过拟合,模型将无法使用训练数据中的模式对测试集中不同表示的数据进行预测。

完成迭代步数(epoch)的实验后,转到下一种优化技术——激活函数。

(6)定位到 Notebook 中标题为 **Activation Functions** 的部分。在本节中,您只需要更

改以下变量。

```
activation_function ="tanh"
```

我们在本节中使用了 Tanh 激活函数,也可以尝试其他激活函数。可以在网址 https://keras.io/activations/ 中查看可用的激活函数,并尝试使用其他方式。

最后,尝试使用不同的正则化策略。这显然更复杂,尤其是在数据这么少的情况下,可能需要多次迭代才能产生效果。此外,加入正则化策略通常会增加神经网络的训练时间。

(7) 转到 Notebook 中标题为 **Regularization Strategies** 的部分。本节需要实现基于 Dropout()的正则化策略,找到放置该步骤的正确位置,并在我们的模型中实现它。

(8) 也可以在这里尝试 L2 正则化(或两者结合)。与 Dropout()的实现方法相同,只是使用 ActivityRegularization(l2 = 0.0001)正则化参数。

(9) 转到 Notebook 中的 **Evaluate Models** 部分。在这里,我们会评估测试集中未来 19 周数据的模型预测,然后将计算预测结果与测试结果的 RMSE 和 MAPE 测度。

我们已经在 Activity6 中实现了相同的技术,所有这些技术都包含在实用函数中。只需运行此部分中的所有单元格直到运行结束,查看结果即可。

借此机会,可以调整前面一些优化技术中的参数的值,并试图使一些性能超越该模型。

6.3　本章小结

在本章中,我们学习了如何使用均方误差(MSE)、均方根误差(RMSE)和平均百分比误差(MAPE)度量指标评估我们的模型性能。我们用第一个神经网络模型进行了 19 周数据的预测,并计算了后两个评估指标。我们了解到,该模型性能表现很好。

此外,我们还学习了如何优化模型。我们研究了一些用于提高神经网络性能的优化技术。此外,我们还实现了许多这样的技术,并创建了更多的模型以预测不同错误率的比特币价格。

第 7 章将把我们的模型变成一个 Web 应用程序,它可以实现两件事:一是使用新数据定期重新训练我们的模型,二是能够使用 HTTP API 接口完成预测。

产　品　化

本章的重点是如何"产品化（productize）"一个深度学习模型。我们使用"产品化"一词定义从深度学习模型中创建软件产品的过程，以使该深度学习模型也可供其他人应用。

我们更喜欢使用可用于新数据的模型（即这种模型可以不断从新数据中学习模式），从而做出更好的预测。我们研究了两种处理新数据的策略：一种是重新训练现有的模型，另一种是创建一个新的模型。在实现比特币价格预测的模型中，我们通过后一种策略以使该模型能够连续预测新的比特币价格。

本章还将提供一个将模型部署为 Web 应用程序的练习。本章结束时，我们将部署一个可随时使用的 Web 应用程序（具有可调用的 HTTP API），并将其修改到满意为止。

在部署深度学习模型的方式上，我们使用 Web 应用程序作为示例（因为它具有简单性和普遍性，毕竟 Web 应用程序是相当普遍的）。当然，不一定非要选择 Web 应用程序，还有许多其他的选择。

本章结束时，您将能够：

- 处理新数据；
- 将模型部署为 Web 应用程序。

7.1　处理新数据

模型可以在一组数据中训练一次，然后就可以用来进行预测了，这样的静态模型可能非常有用，但是通常我们希望模型能够不断从新的数据中学习，并不断变得更好。

本节将讨论如何重新训练深度学习模型，以及如何在 Python 中实现它们的两种策略。

7.1.1　分离数据和模型

在构建深度学习应用程序时，最重要的两个部分是数据和模型。从体系结构角度来看,建议将这两个部分区分开,因为这两部分都包括在本质上不同于彼此的功能。我们通常需要收集、清理、组织和标准化数据,模型也需要进行训练、评估和预测,从这个角度来说,这两部分又都是相互依存的,因此最好将它们分别进行处理。

为遵循这一建议,我们将使用两个类,即 CoinMarketCap()类和 Model()类,以帮助我们构建 Web 应用程序。

- CoinMarketCap()类是一个为了从网站(http://www.coinmarketcap.com)获取比特币价格而设计的类,且这个网站就是最初的比特币数据来源。使用这个类可以很容易地定期检索数据,并返回带有解析记录和所有可用历史数据的 Pandas DataFrame。CoinMarketCap()类是我们的数据组件(data component)。

- Model()类实现了将目前为止编写的所有代码集成到一个类中的功能,这个类提供了与我们以前训练过的模型进行交互的工具,并且允许使用非标准化数据进行预测。Model()类也是我们的模型组件(model component)。

以上两个类分别定义了数据组件和模型组件,并在我们的示例中得到了广泛使用。

1. 数据组件

CoinMarketCap()类创建用于检索和解析数据的方法,它包含一个相关的方法,即 historic()函数,详见代码段 7-1。

```
@classmethod
def historic(cls, start='2013-04-28', stop=None,
ticker='bitcoin', return_json=False):
start = start.replace('-', '')
if not stop:
    stop = datetime.now().strftime('%Y%m%d')
base_url = 'https://coinmarketcap.com/currencies'
url = '/{}/historical-10. data/?start={}&end={}'.format(ticker, start, stop)
r = requests.get(url)
```

代码段 7-1　CoinMarketCap()类中的 historic()函数

historic()函数返回一个 PandasDataFrame,可供 Model()类使用。

在其他模型中工作时,请考虑创建一个与实现 CoinMarketCap()类相同功能的程序组件(例如 Python 类)。也就是说,创建一个可以从任何可用的地方获取和解析数据的组件,使其以可用的形式提供建模组件。

CoinMarketCap()类使用参数 ticker 确定要收集的加密货币。CoinMarketCap()类还提供许多其他可用的加密货币,包括非常流行的货币,如以太币(Ethereum)和比特币现金(Bitcoin Cash)。可以使用 ticker 参数更改加密货币并训练一个新模型,它可以不同于本书中所创建的比特币模型。

2. 模型组件

Model()类用于实现应用程序模型组件,它包含实现本书中所有不同建模主题的文件方法,分别如下。

- build():使用 Keras 构建一个 LSTM 模型,此函数用作手动创建模型的简单包装器(wrapper)。
- train():使用类实例化的数据训练模型。
- evaluate():使用一组损失函数对模型进行评估。
- save():将模型保存为本地文件。
- predict():根据周有序观测的输入序列输出并返回预测结果。

本章使用这些方法训练、评估和预测我们的模型。Model()类是一个关于如何将基本的 Keras 函数封装到 Web 应用程序中的示例。前面的方法几乎与前面章节中的实现完全一样,但是增加了"糖衣语法[①]"(syntactic sugar),以使它们的接口有所增强。

例如,train()方法可以在代码段 7-2 中实现。

```
def train(self, data=None, epochs=300, verbose=0, batch_size=1):
    self.train_history =self.model.fit(
        x=self.X, y=self.Y,
        batch_size=batch_size, epochs=epochs,
        verbose=verbose, shuffle=False)
self.last_trained =datetime.now().strftime('%Y-%m-%d %H:%M:%S')
return self.train_history
```

代码段 7-2 **Model()类的 train()方法,该方法使用 self.X 和 self.Y 中的数据训练
一个可在 self.model 中使用的模型**

在前面的代码片段中,需要注意 train()方法类似于第 6 章中实例 6 和实例 7 的解决方案。总体思路是:Keras 工作流中的每个流程(构建或设计、训练、评估和预测)都可以很容易地转化为程序的不同部分。在我们的示例中,它们将变成可以从 Model()类调用的方法,这会对我们的程序有所调整,并设置一系列约束(例如模型架构或某些 API 参数),这些约束有助于在一个稳定的环境中部署我们的模型。

7.1.2 处理新数据

机器学习模型(包括神经网络)的核心思想是令模型从数据中学习模式。想象一下,

[①] 译者注:语法糖(syntactic sugar)也译为糖衣语法,是由英国计算机科学家彼得·兰丁发明的一个术语,指计算机语言中添加的某种语法,这种语法对语言的功能没有影响,但是更方便程序员使用。引自:https://zh.wikipedia.org/wiki/%E8%AF%AD%E6%B3%95%E7%B3%96。

一个模型可以在用特定的数据集训练后进行预测。假设现在有新的数据可用,那么我们可以采用什么样的策略使模型利用新的数据学习新的模式,并改进其预测呢?

下面讨论两种策略:再次训练一个已经训练好的模型和训练一个新模型。

1. 再次训练一个已经训练好的模型

通过这种策略,我们用新的数据重新训练现有的模型。利用这种方法可以不断调整模型参数以适应新的情况。然而,后期训练期间使用的数据可能与早期的训练数据大不相同,这种差异可能会对模型参数造成重大更改,从而导致模型学习了新模式却忘记了旧模式,这种现象通常被称为灾难性遗忘(catastrophic forgetting)。

> 灾难性遗忘是影响神经网络性能的一个常见因素,深度学习研究人员多年来一直试图解决这个问题。Google 旗下的一家来自英国的深度学习研究组织 DeepMind 在此问题的解决方案方面取得了显著进展。*Overcoming Catastrophic Forgetting in Neural Networks* 是一篇很好的有关这方面工作的参考文章,详见 https://arxiv.org/pdf/1612.00796.pdf。

可使用和第一次用于训练(Model.Fit())的相同接口训练新数据,详见代码段 7-3。

```
X_train_new, Y_train_new = load_new_data()

model.fit(x=X_train_new, y=Y_train_new,
batch_size=1, epochs=100,
verbose=0)
```

代码段 7-3   在 LSTM 模型中实现 TensorBoard callback 的代码片段

在 Keras 中,当模型被训练时,它们的权重信息将被保留,这就是模型的状态。当使用 model.save()方法时,当前状态也会被保存。当调用 model.fit()方法时,将使用新数据集对模型重新进行训练(使用以前的状态作为训练起点)。

在典型的 Keras 模型中,这种技术可以在没有进一步实际问题的情况下使用。然而在使用 LSTM 模型时,这种技术有一个关键限制:训练数据和验证数据的维数必须相同。例如,我们的 LSTM 模型(bitcoin_lstm_v0)使用 76 周的数据预测未来一周的数据。如果试图在接下来的一周内对该网络进行 77 周的重新训练,那么该模型就会出现一个异常(即弹出关于数据维度不正确的错误信息)。

处理这一问题的一种方法是按照模型所期望的格式排列数据。在我们的示例中需要配置模型,用 40 周的数据预测未来一周的数据。在使用这个方案的前提下,首先用 2017 年的前 40 周的数据对模型进行训练,然后在接下来的几周内继续对模型进行重新训练,直到第 50 周为止。

　　使用 Model()类在以下代码中执行此操作(参见代码段 7-4)。

```
M =Model(data=model_data[0 * 7:7 * 40 +7],
    variable='close',
    predicted_period_size=7)
M.build()
M.train()
for i in range(1, 10 +1):
M.train(model_data[i * 7:7 * (40 +i) +7])
```

代码段 7-4　再次训练实现的代码段

　　使用这一技术,往往训练速度会很快,它也倾向于处理大型数据序列。接下来的技术更容易实现,并且在序列少的情况下可以工作得很好。

2. 训练一个新模型

　　另一种策略是在每次获得新数据时创建和训练一个新模型,这种方法倾向于减少灾难性遗忘,但训练时间会随着数据的增加而增加,但它的实现非常简单。

　　以比特币模型为例,假设现在有 2017 年 49 周的旧数据,而且一周后会有新数据,用代码段 7-5 中的变量 old_data 和 new_data 表示,如代码段 7-5 所示。

```
old_data =model_data[0 * 7:7 * 48 +7]
new_data =model_data[0 * 7:7 * 49 +7]

M =Model(data=old_data,
    variable='close',
    predicted_period_size=7)
M.build()
M.train()

M =Model(data=new_data,
    variable='close',
    predicted_period_size=7)
M.build()
M.train()
```

代码段 7-5　用可用的新数据训练新模型的代码段

　　这种方法实现起来非常简单,而且对于小型数据集也很有效,这种方法将是我们的比特币价格预测应用程序的首选解决方案。

7.1.3　实例: 处理新数据

本实例将在每次有可用的新数据时重新训练我们的模型。

首先从导入 cryptonic 开始。cryptonic 是为本书开发的一个简单的软件应用程序,它使用 Python 类和模块实现了本节之前的所有步骤,我们将 cryptonic 视为如何开发类似应用程序的模板。

cryptonic 是作为 Python 模块与此实例一起提供的。首先启动一个 Jupyter Notebook 实例,然后加载 cryptonic 包。

(1) 使用终端导航到第 7 章 Chapter_7/activity_8 目录,并执行以下代码以启动 Jupyter Notebook 实例。

```
$ jupyter notebook
```

(2) 在浏览器中打开应用程序提供的 URL,并打开名为 Activity_8_Re_training_a_model_dynamically.ipynb 的 Jupyter Notebook 文档。

现在,从 cryptonic 中加载两个类: Model()类和 CoinMarketCap()类。这两个类简化了对模型的操作过程,也简化了从网站 CoinMarketCap(https://coinmarketcap.com/)获取数据的过程。

(3) 在 Jupyter Notebook 实例中,导航到标题为 Fetching Real-Time 的部分。从 CoinMarketCap 获取最新的历史数据,只需调用以下方法。

```
$ historic_data =CoinMarketCap.historic()
```

现在,变量 historic_data 由一个 Pandas 的 DataFrame(包含一直到今天或昨天的数据)填充,这使得当有更多的数据可用时,重新训练我们的模型变得更容易。

数据实际上包含与我们以前的数据集相同的变量。然而,大部分数据来自较早的时期。与几年前相比,最近的比特币价格出现了很大波动。在模型使用这些数据之前,需要确保已将数据过滤到了 2017 年 1 月 1 日之后。

(4) 使用 Pandas API 过滤数据,只保留 2017 年的数据。

```
$ model_data =# filter the dataset using pandas here
```

应该能够使用特定的日期变量作为筛选以完成此操作。在进行下一步操作之前,请确保已过滤数据。

Model()类编译了迄今为止在所有实例中编写的所有代码。本实例将使用这个类构建、训练和评估模型。

(5) 利用 Model()类使用前面筛选出来的数据训练模型。

```
M =Model(data=model_data,
    variable='close',
    predicted_period_size=7)
M.build()
M.train()
M.predict(denormalized=True)
```

在使用 Model() 类训练模型时，前面的步骤展示了完整的工作流程。

接下来，每当有更多数据可用时，我们将专注于重新训练我们的模型，这将重新调整网络的权重以适应新的数据。

为了做到这一点，我们将模型设置为用 40 周的数据预测一周的情况。我们现在想用剩下的 10 个完整的周创造 40 周的重叠期，其中每次都包括剩余这 10 周中的某一周，并重新训练这个时期的每个时间段的模型。

（6）导航到 Jupyter Notebook 中的 **Re-Train Old Model** 标题，执行 range() 函数和 model_data() 函数过滤参数，使用索引划分重叠组（7 天一组）中的数据，然后重新训练我们的模型并收集结果。

```
results =[]
for i in range(A, B):
    M.train(model_data[C:D])
    results.append(M.evaluate())
```

变量 A、B、C 和 D 是占位符。使用整数创建重叠组（7 天一组），其中重叠时间为 1 天。

在重新训练模型之后，继续调用 M.predict(denormalized＝True) 函数并观察其结果。

接下来将注意力集中在每次有新数据时创建和训练的新模型。为了实现这一点，现在假设有 2017 年 49 周的旧数据，一周后我们会有新数据，用变量 old_data 和 new_data 表示这两个值。

（7）导航到标题 **Training a New Model**，并拆分变量 old_data 和 new_data 之间的数据。

```
old_data =model_data[0 * 7:7 * 48 +7]
new_data =model_data[0 * 7:7 * 49 +7]
```

（8）用 old_data 训练模型。

```
M =Model(data=old_data,
    variable='close',
    predicted_period_size=7)
M.build()
M.train()
```

这种策略是从零开始构建模型的,并在获得新数据时对其进行训练,继续在下面的 Jupyter Notebook 单元格中实现这一点。

要动态地训练模型,现在已经有了达到此目标所需要的所有条件。7.2 节将模型部署为一个 Web 应用程序,通过 HTTP API 在浏览器中调用它,以便能提供其输出的预测值。

在本节中,我们了解了在有新数据时训练模型的两种策略:

- 再次训练一个已经训练好的模型;
- 训练一个新模型。

第二种策略创建了一个新的模型,除了测试集中的观测数据外,该模型使用完整的数据集进行训练。第一种策略一旦对可用数据进行了训练,它就会继续创建重叠的批处理,以便在每次获得新数据时重新对该模型进行训练。

7.2　将模型部署为 Web 应用程序

本节将模型部署为 Web 应用程序。我们将使用一个名为 cryptonic 的 Web 应用实例部署模型,并探索模型的体系结构,以便可以在未来对其进行修改,目的是将此应用程序用作更复杂的应用程序的启动程序:一个完全工作中的启动程序,并且可以根据需要进行扩展。

除了熟悉 Python 之外,本章假定您已经熟悉了创建 Web 应用程序。具体来说,我们假设您对 Web 服务器、路由、HTTP 和缓存有一定的了解。您将能够在本地部署演示的 cryptonic 应用程序,而不需要对这些主题有广泛的了解,但是学习这些主题会使将来的开发更加容易。

最后,Docker[①] 被用于部署我们的 Web 应用程序,因此关于该技术的基本知识也是有用的。

7.2.1　应用架构和技术

为了部署 Web 应用程序,我们将使用表 7-1 中所描述的工具和技术。Flask 是本次实践的关键工具,因为它可以帮助我们为模型创建 HTTP 接口,允许我们访问 HTTP 端点(例如/predict)并以通用格式接收数据。我们使用其他组件是因为它们在开发 Web 应用程序时是很主流的选择。

---

① 译者注:Docker 类似集装箱原理,可以实现虚拟机隔离应用环境的功能,并且开销比虚拟机小——引自 https://www.zhihu.com/question/28300645。

表 7-1 用于部署深度学习 Web 应用程序的工具和技术

工具或技术	描 述	作 用
Docker	Docker 是一种用于处理以容器形式打包的应用程序的技术,也是一种日益流行的构建 Web 应用程序的技术	打包 Python 应用程序和用户界面(UI)
Flask	Flask 是在 Python 中构建 Web 应用程序的一个微框架	创建应用程序路由
Vue.js	一种 JavaScript 框架,它基于后端的数据输入动态地更改前端上的模板	呈现用户界面
Nginx	可使得 Web 服务器更容易配置,可以将通信路由到基于 Docker 的应用程序,并处理 HTTPS 连接的 SSL 证书	在用户和 Flask 应用程序之间路由通信
Redis	基于键-值对的数据库,由于其简单和高效,因此它是实现缓存系统的一个流行的选择	缓存 API 请求

将这些组件组合在一起,如图 7-1 所示。

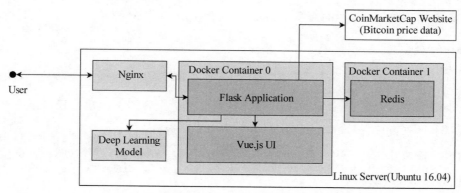

图 7-1 本项目构建的 Web 应用程序的系统架构

用户使用浏览器访问 Web 应用程序。然后,Nginx 将该通信路由到包含 Flask 应用程序的 Docker 容器(默认情况下,在端口 5000 上运行)。Flask 应用程序在启动时实例化了我们的比特币模型。如果给出了一个模型,那么它将使用该模型而不进行训练;如果没有给出模型,则创建一个新模型,并使用 CoinMarketCap 提供的数据从头开始对其进行训练。

在模型准备就绪后,应用程序将验证请求是否已在 Redis 上缓存,如果已经缓存,则返回缓存的数据;如果没有缓存,那么它将继续请求数据并在用户界面(UI)中呈现预测结果。

7.2.2 部署和使用 cryptonic

cryptonic 是作为一个 Docker 化的应用程序而开发出来的。基于 Docker 的程序就意味着应用程序可以被构建为一个 Docker 镜像,然后在开发或产品化环境中部署为

Docker 容器。

　　Docker 使用名为 Dockerfile 的文件描述如何构建 Docker 镜像的规则，以及将 Docker 镜像部署为容器时会发生什么。Cryptonic 的 Dockerfile 可以在代码段 7-6 中获得。

```
FROM python:3.6
COPY . /cryptonic
WORKDIR "/cryptonic"
RUN pip install -r requirements.txt
EXPOSE 5000
CMD ["python", "run.py"]
```

代码段 7-6　用于加密镜像的 Docker 文件

可以使用代码段 7-7 中的命令将 Docker 文件生成 Docker 镜像。

```
$ docker build --tag cryptonic:latest
```

代码段 7-7　本地构建 Docker 镜像的 Docker 命令

　　这个命令使镜像 cryptonic：latest 可以被部署为一个容器。构建过程可以在产品化的服务器上重复，也可以直接部署镜像，然后作为容器运行。

　　在生成镜像并使其可用之后，可以使用命令 docker run 运行这个 Cryptonic 应用程序，如代码段 7-8 所示。

```
$ docker run --publish 5000:5000 \
    --detach cryptonic:latest
```

代码段 7-8　终端执行 docker run 命令示例

　　--publish 标志将 localhost 上的端口 5000 绑定到 Docker 容器上的端口 5000，并且--decach 将容器作为后台守护进程（daemon）运行。

　　如果已经训练了一个不同的模型，并且希望使用它（而不是训练一个新的模型），可以在 docker-compose.yml 上修改 MODEL_NAME 环境变量（如代码段 7-9 所示），该变量应该包含训练和想要服务的模型的文件名（例如 bitcoin_lstm_v1_trained.h5），它也应该是一个 Keras 模型。如果这样做，请确保将本地目录加载到/models 文件夹中，决定加载的目录下必须有模型文件。

　　Cryptonic 应用程序还包括一些环境变量（在部署自己的模型时，可能会发现这些变量是很有用的）。

　　• MODEL_NAME：允许用户提供经过训练的模型，以供应用程序使用。

- BITCOIN_START_DATE：确定使用哪一天作为比特币系列的开始日期。最近几年，比特币价格的差异比之前要大得多，此参数只将数据筛选为我们感兴趣的年份，默认为 2017 年 1 月 1 日。
- PERIOD_SIZE：将时间段设置为以天数为单位，默认值为 7。
- EPOCHS：配置模型每次运行时所训练的 epoch 数，默认值为 300。

这些变量可以在 docker-compose.yml 文件中配置，如代码段 7-9 所示。

```
version: "3"
services:
cache:
image: cryptonic-cache:latest
volumes: -$PWD/cache_data:/data
networks:-cryptonic
ports: -"6379:6379"
    environment:
        -MODEL_NAME=bitcoin_lstm_v0_trained.h5
        -BITCOIN_START_DATE=2017-01-01
        -EPOCH=300
        -PERIOD_SIZE=7
```

代码段 7-9　包括环境变量的 docker-compose.yml 文件

部署 cryptonic 的最简单方法是使用代码段 7-9 中的 docker-compose.yml 文件，该文件包含应用程序运行所需的所有说明，包括关于如何连接 Redis 缓存和使用何种环境变量的说明。导航到 docker-compose.yml 文件的位置后，可以使用命令 docker-compose up 启动 cryptonic，如代码段 7-10 所示。

```
$docker-compose up -d
```

**代码段 7-10　使用 docker-compose 命令启动一个 Docker 应用程序，
标记-d 为在后台执行应用程序**

部署后，可以通过 Web 浏览器在端口 5000 上访问 cryptonic，该应用程序具有一个简单的用户界面，其时间序列图描述了真实的历史价格（可理解为观察数据），并从深度学习模型中预测了未来的价格（可理解为预测数据）。在文本中，还可以阅读使用 Model().evaluate()方法计算的 RMSE 和 MAPE，如图 7-2 所示。

除其用户界面（使用 Vue.js 开发）之外，该应用程序还有一个 HTTP API，在调用时可以进行预测。

该 API 以/predict 结尾，返回一个 JSON 对象，其中包含未来一周的非标准化比特币价格预测，如代码段 7-11 所示。

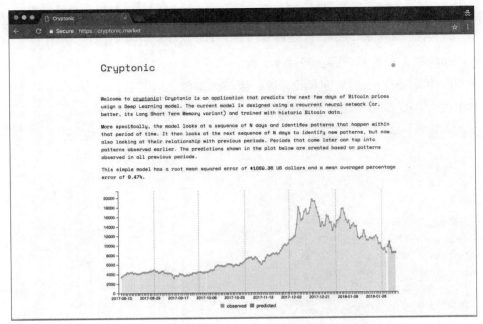

图 7-2   已部署的 cryptonic 应用程序的屏幕截图

```
{
message: "API for making predictions.",
period_length: 7,
result: [
    15847.7,
    15289.36,
    17879.07,
    ...
    17877.23,
    17773.08
],
success: true,
version: 1
}
```

代码段 7-11   /predict 端点的 JSON 输出示例

该应用程序可以部署在远程服务器上，并用于持续预测比特币价格。

7.2.3   实例: 部署深度学习应用程序

本实例将模型部署为本地 Web 应用程序，并允许我们使用浏览器或者通过其他应用程序调用本应用程序的 HTTP API 以连接到 Web 应用程序。在进行下一步操作之前，请确保计算机已安装并可用下列应用程序:

- Docker(社区版)17.12.0-ce 或更新版本；
- Docker Compose (docker-compose) 1.18.0 或更新版本。

以上两个组件都可以从网站 https://www.docker.com/下载并安装在所有主系统中,这些组件都是完成这项活动所必需的。在进行下一步之前,请确保这些组件在您的系统中可用。

(1) 导航到 cryptonic 目录,并为所有必需的组件构建 docker 镜像。

```
$docker build --tag cryptonic:latest
$docker build --tag cryptonic-cache:latest ./ cryptonic-cache/
```

(2) 以上两个命令构建了我们将在此应用程序中使用的两个镜像：cryptonic(包含 Flask 应用程序)和 cryptonic-cache(包含 Redis 缓存)。

(3) 镜像构造完毕后,找到 docker-compose.yml 文件并在文本编辑器中打开。将参数 BITCOIN_START_DATE 更改为 2017-01-01 以外的日期。

```
BITCOIN_START_DATE =#Use other date here
```

(4) 最后一步,使用 docker-compose 在本地部署 Web 应用程序。

```
docker-compose up
```

您应该能在终端上看到一条活动日志,包括模型中的训练 epoch。

(5) 在对模型进行训练之后,可以在 http://localhost：5000/上访问应用程序,并在此页面上进行预测,如图 7-3 所示。

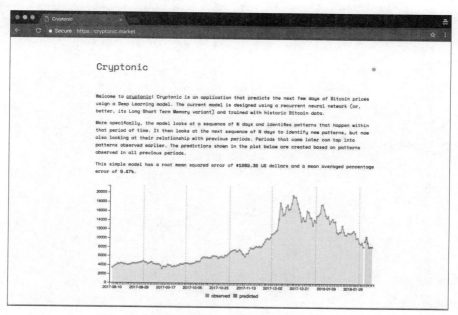

图 7-3　本地部署的 cryptonic 应用程序的屏幕截图

7.3　本章小结

　　本章结束了我们创建深度学习模型并将其部署为 Web 应用程序的旅程。我们最后还部署了一个使用 Keras 和 TensorFlow 作为引擎而构建的模型以预测比特币价格的模型。我们将应用程序打包为一个 Docker 容器并进行部署，以便其他人可以使用我们的模型进行预测，当然也可以通过其他应用程序调用本应用的 API 接口以使用该模型。

　　除了这些工作之外，还了解到本系统还有很多可以改进的地方。书中的比特币模型只是一个"模型能做什么（特别是 LSTM 模型）"的例子。现在的挑战有两方面：随着时间的推移，如何才能使这个模型表现得更好；在 Web 应用程序中添加哪些特征可以使模型更容易访问。祝您好运，继续努力！

图 书 资 源 支 持

感谢您一直以来对清华版图书的支持和爱护。为了配合本书的使用，本书提供配套的资源，有需求的读者请扫描下方的"书圈"微信公众号二维码，在图书专区下载，也可以拨打电话或发送电子邮件咨询。

如果您在使用本书的过程中遇到了什么问题，或者有相关图书出版计划，也请您发邮件告诉我们，以便我们更好地为您服务。

我们的联系方式：

地　　　址：北京市海淀区双清路学研大厦 A 座 701

邮　　　编：100084

电　　　话：010-83470236　010-83470237

资源下载：http://www.tup.com.cn

客服邮箱：2301891038@qq.com

QQ：2301891038（请写明您的单位和姓名）

用微信扫一扫右边的二维码，即可关注清华大学出版社公众号"书圈"。

资源下载、样书申请

书 圈

扫一扫，获取最新目录

课 程 直 播